肠内菌群与免疫

——开启『肠寿』的人生

邵丽莉 著

哈爾濱工程大學出版社
Harbin Engineering University Press

图书在版编目（CIP）数据

肠内菌群与免疫 / 邵丽莉著 .—哈尔滨 ：
哈尔滨工程大学出版社， 2022.1
ISBN 978-7-5661-3326-7

Ⅰ. ①肠… Ⅱ. ①邵… Ⅲ. ①肠道细菌－普及读物
Ⅳ. ① Q939.121-49

中国版本图书馆 CIP 数据核字（2021）第 235768 号

肠内菌群与免疫
CHANGNEI JUNQUN YU MIANYI

选题策划 雷 霞
责任编辑 张 曦
版式设计 李海波 小 苗

出版发行 哈尔滨工程大学出版社
社　　址 哈尔滨市南岗区南通大街 145 号
邮政编码 150001
发行电话 0451-82519328
传　　真 0451-82519699
经　　销 新华书店
印　　刷 大连天骄彩色印刷有限公司
开　　本 889 mm×1194 mm 1/32
印　　张 8.875
字　　数 201 千字
版　　次 2022 年 1 月第 1 版
印　　次 2022 年 1 月第 1 次印刷
定　　价 58.00 元
http://www.hrbeupress.com
E-mail:heupress@hrbeu.edu.cn

开启“肠寿”的人生

每个人都有自己的梦想和使命，在对梦想的追逐中，在对使命的践行中，一直与我们如影随形的是身心的健康。不管你拥有怎样的才能，取得怎样的成就，如果没有一个健康的身体，一切便都没有意义。

随着社会的进步，生活水平的提高，我们的生活方式虽然已经发生了质的飞跃，但便利的条件却没能让我们更健康。现在很多慢性疾病，如过敏症、心脑血管疾病、肝肾疾病、癌症、免疫性疾病等的发病人数，依然在逐年递增，患者也越来越年轻化。

近年来，在对慢性病发病原因的研究中，人们发现了“肠”对健康的巨大影响。“肠”与人身体中的各个脏器、脑、血管、淋巴，以及免疫系统等都有着相互的作用。然而，很多人不知道“肠”是如此的重要，所以在调理身体和治疗疾病的过程中忽视了肠的作用。

人们长期不良的饮食习惯和生活习惯容易导致“肠内污染”，食物残渣在肠内发酵腐败，产生体积大于残渣数倍的有毒物质和有毒气体。这些毒素通过与肠黏膜相连的毛细血管和毛细淋巴管循环到全身，其所到之处皆能引发身体慢性炎症，产生人体机能障碍。

人体70%~80%的免疫细胞存在于肠内，如果肠道被污染，会直接影响人的免疫功能。过敏症、鼻炎、哮喘等疾病的发生也都是免疫系统出现异常引起的。肠道内还有大脑所需要的荷尔蒙等物质，“肠道污染”会导致这些物质不能顺利地供给大脑所需。临床上患有焦虑症、抑郁症、失眠症等神经系统疾病的患者，大多数都有长期便秘的症状。

有时候，我们感觉到身体不适，其实不适的根源就隐藏在肠道内。如果你从现在开始明白这个道理，并付诸行动，经常倾听身体的“语言”，便能最大限度地提高自己的自然治愈力，让体质从根本上得到改善。

疾病应防患于未然，找到并去除致病根源，是现代医学研究的一大课题。

这也是我执笔这本《肠内菌群与免疫》的原因。

我20岁到日本留学，考入日本大学，学习艺术设计。之后，经过多年的努力打拼，我和先生在日本创建了传统医疗健康机构，十几年来为数十万人提供健康指导，接受日本电视台、杂志等上百次的采访。很多人问我，为什么从艺术专业改行从事健康事业，还专门研究肠内菌群?

这个转折可能也是命运冥冥之中的安排。我留学期间只想着努力完成学业，不辜负父母的期望。刚毕业的时候，我还不懂得怎么照顾好自己，一边上学一边打工，经常熬夜作图，吃饭也不按时，每天都是匆匆忙忙的，生活作息长期不规律，最终导致我的身体出现了问题。

我患上了严重的皮炎，开始全身起疹子（从发病到彻底治愈经过了四年），看了很多医生也找不到致病原因，病也没有得到根本的治愈，药物的副作用甚至使我的身体出现了麻木症状，好多年都缓不过劲儿。

后来，我很幸运地遇到了恩师。老师说，我的肠道内积攒了好多年的毒素，一旦爆发就会使健康出现问题，这就是“身体使用不当”。

在老师的帮助下，我用定期断食排毒、改善肠内菌群结构、调整情绪等方法，针对致病根源进行调理。仅用了三年时间，我身上的疹子全部消失，身体恢复到最健康的状态。

人的一生不会总是一帆风顺，定会有起有落。我很幸运，在人生低谷和身体健康发出警报的时候遇到改变我观念与命运的老师。在调理身体的过程中，我学到了很多关于自然医学的知识，并尝试用科学的方法，让心与身进行交流。在治疗与恢复的几年中，我总结了很多实用的健康管理方法，针对不同时期身体不同问题的研究，也有了突破性的进展。

随后，我在日本东京理科大学进修了生物学、生命学、免疫学和肠道免疫等专业，考取了日本医师会“健康指导专家”及“营养指导专家”资格，创办了“天空树下的小茉莉”公众号，得到很多专家、老师的指导和帮助。

现在我仍在继续着自己的研究，致力于把改善肠内菌群的理论与实践相结合，并将之与人们的生活习惯相融合，让更多的人明白“肠”的重要。我要教给大家操作简单、能够长久坚持的保持身体健康的方法，这样才能真正实现预防疾病的目的。

为了帮助更多被肠道问题困扰的人们，我将多年来对肠内菌群的研究和临床指导经验总结成书，以此来回报大家多年来的信任与支持。

很多人都觉得“健康”的范围太大，医学理论枯燥乏味，不好理解。因此在这本《肠内菌群与免疫》里，我尽可能用简洁明了的语言，让大家更好地理解专业知识，让实践更加轻松。

希望你翻开本书时，不管从哪一个部分开始阅读，都能有所收获。哪怕只记住了“肠为什么这么重要”“增加肠内有益菌”……那么，在今后的日子里，让正确的生活习惯贯穿你的日常生活，好的习惯慢慢养成，关键时就会成为保护我们的坚实屏障。

人为什么会生病?

人怎样才能保持健康?

……

以上问题的答案，关键在“肠”。希望大家能够通过这本书，了解“肠”的聪明与大气。

培养好肠内菌群是预防疾病的关键。健康是我们一生的财富，是幸福的基础。为了您和家人的健康，为了能够享受高质量的幸福生活，让我们一起开启探究健康的新篇章！

幸福的人生从“肠”开始……

邵丽莉

2022 年 1 月

讓我們一起開啓
健康快樂的
腸壽之旅

邰麗莉

目录

CONTENTS

第一章 我们所追求的健康

第二章 肠内菌群是人体内的『大花园』

第四章　有趣的肠内菌群

第三章　关于肠你知道多少？

第六章　人体的免疫

第七章 破坏免疫的原因

第十章 肠污染与慢性病

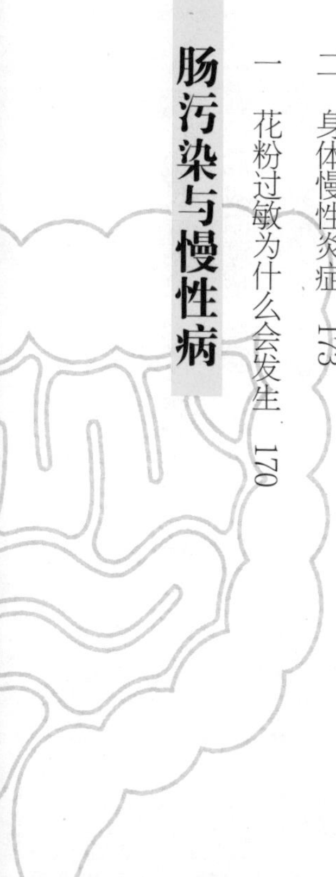

第十三章 『轻断食』和『断食』清除肠污染

第一章 CHAPTER 1

健康所追求的我们

Intestinal
FLORA
and
IMMUNITY

一、真正意义上的健康长寿

二、人为什么会生病

三、什么是“生活习惯病”

一、真正意义上的健康长寿

据权威机构统计，导致现代人死亡的慢性非传染性疾病有：

癌症、心血管疾病、糖尿病、慢性呼吸系统疾病。

这些疾病被称为人类健康的“杀手”。

在世界卫生组织国际癌症研究机构发布的2020年全球最新癌症统计数据中，“男性癌症死亡”排名前三位的是：肺癌、肝癌、结直肠癌；“女性癌症死亡”排名前三位的是：乳腺癌、肺癌、结直肠癌。

过去60年的统计数据显示，从1990年开始，胃癌患者人数一直在平缓增加，而结直肠癌患者人数则呈现出急剧增加的趋势。另外，糖尿病患者人数也在急剧增加，除1型和2型糖尿病以外，糖尿病还分很多种类，而最可怕的是神经病变、视网膜病变、肾病等并发症。糖尿病使人体高血糖状态持续，从而造成全身血管僵硬受损。肾脏内的血管密集，一旦堵塞或者破损都会使肾脏无法有效过滤毒素。在日本，每年接受透析治疗的患者人数超过30万，而每三个人中就有一人是由糖尿病并发症引发的肾病。

如今，科学家们对“健康寿命”提出了新的标准。

健康寿命包括：无残疾寿命、健康的或主动生活的寿命、无慢性病和阿尔茨海默病（老年痴呆）的寿命。

我们可以理解为，就是无须别人的护理，可以自理的生活状态。日本虽然被称为长寿之国，但是依然有“男性平均有9年，女性平均有13年的时间，需要借助别人的长期护理来生活”，也就是说，在此期间他们的生活是不能自理的。

我们所追求的是自己能够自理、无病无灾的长寿，生命的长度应该与生活的质量等同，这才是我们理想中的“健康长寿”。

二、人为什么会生病

当我们在思考关于健康的问题时，首先会想到："人为什么会生病？"

只有了解疾病是怎么产生的，尽可能远离致病因，我们才能更好地预防疾病，解决身体出现的健康问题。

◎ 举一些简单的例子 ◎

常见的感冒是怎么发生的?

感冒多是因为病毒（大部分是鼻病毒）从口鼻进入人的身体，然后再进入血液与白细胞打仗，有时我们就会发烧。

“诺如病毒”为什么会引起食物中毒?

病毒性感冒、食物中毒等，都是因为病毒附着在食物上进入人体，并在人的胃肠内大量繁殖，从而引发腹痛或腹泻。

破伤风是怎么回事?

破伤风是破伤风梭菌从伤口入侵人体造成的。

癌症是怎么得的?

癌症的形成过程，跟上面三种疾病的情况不同。前三种是由外界病原微生物进入人体导致的，**癌症则是身体内部“制造”出来的，人体的部分细胞突然发生异变，变成“异常细胞”，并不断增殖，最终蔓延至全身**。

生病的基本过程归类为两种

一种是从身体外部入侵体内的“毒素”导致的；另一种是身体内部产生的“毒素”导致的。

外来入侵的“毒素”指：病原体、有害化学物质和腐败物质等对人体有害的所有物质。

身体内部产生的“毒素”大部分是：癌细胞，或者肠内制造出来的腐败有毒气体和有毒化学物质。

想要做到预防疾病，我们不妨试着逆向思考一下。健康，就是“既没有外来入侵的毒素，也没有体内产生毒素的状态”。从一定程度上来说，**“治疗疾病”**就是指“去除不论体内还是体外的毒素，解决由毒素引起的健康问题”。

从多种角度看，不管是由体外入侵毒素引起的疾病，还是由体内产生毒素引起的疾病，都跟“肠”密切相关。

大家都听过“温水煮青蛙”这个小故事吧？

在锅里放满凉水，接着把青蛙放进去，然后用小火慢慢开始加热。锅里的水温缓慢上升，最初青蛙感觉不到温度的变化，也不会跳出来。可是，水总会烧开，当青蛙感觉到烫，感觉到有危险的时候，为时已晚，在它想跳出锅的时候已经濒临死亡……

实际上，我们也处于“温水煮青蛙”的情况。**肠**、**肝脏**、**肾脏**都是“沉默”的器官，肠黏膜细胞中没有感知疼痛的神经。

所以，在肠内发生的任何异变，我们几乎都觉察不到。也就是说，人们在发现患有疾病的时候，很多已经处于为时已晚的状态。这也是由肠引起的各种慢性疾病的可怕之处——在不知不觉中发生、发展。

三、什么是“生活习惯病”

世界卫生组织2019年的调查显示：日本人的平均寿命，女性为87.45岁，连续五年位居世界第二位；男性为81.41岁，连续三年位居世界第三位。日本依然是闻名世界的“长寿之国”。

虽然日本人平均寿命维持在较高的水平，可是却有很多人在人生最后的十年左右时间里是需要接受长期护理的（前面我们提到的“健康寿命”是无须别人的护理，可以自理的生活状态）。其中最大的原因是很多人患上了非常危险的慢性疾病，本书中我们把这些疾病统称为“生活习惯病”。

现在不只是中年人、老年人发病，很多年轻人和小孩子也患上了“生活习惯病”，并且患病人数正在急速增长，甚至有人因为“生活习惯病”而死亡。有很多人即使现在没有发病，但如果还继续对不良生活习惯视而不见的话，不久将会成为发病的高危人群。

那么，“生活习惯病”到底是指什么病呢？

“生活习惯病”一般指：脑卒中、心脏病、高血压、恶性肿瘤、糖尿病、高尿酸血症、高脂血症等疾病。近几年，肥胖症、各种过敏症和哮喘等也被列入“生活习惯病”的范畴。

与普通感冒、流感、结核、胃肠炎病毒、幽门螺旋杆菌相比，“生活习惯病”应属于慢性病的范畴。

慢性疾病不是病原体从人体外部入侵体内造成的，而是由身体内部产生毒素，随后蔓延至全身，在人体内形成慢性的、持续的危险症状。

“生活习惯病”在全身各处都有可能发病，也有可能是由一种疾病与另外一种疾病连锁引发的并发症，这种情况将导致更严重的后果，甚至夺走人们的生命。

例如，高脂血症的患者更容易患糖尿病。患上糖尿病后，血管容易堵塞，血液循环不畅，容易引发动脉硬化。而一旦出现动脉硬化后，输送给心脏和脑部的血液便会不足，从而加大心肌梗死和脑卒中的风险。

还有高血压患者，其血管失去弹性，脑内血管一旦破裂就容易引起脑出血。

“生活习惯病”的患病人数在不断增加，症状也越来越复杂和严重。

“生活习惯病”大多是由不良饮食习惯造成的肠内污染所导致的。肠内菌群发生紊乱，产生大量有毒气体和有毒化学物质，并循环全身。这种情况也被称为“自体中毒”。

第二章

CHAPTER 2

『大花园』是人体内的肠内菌群

一、什么是肠内菌群

二、我们的肠内菌群从哪里来

三、母亲的肠内菌群结构决定孩子健康的基础

四、肠内菌群住在哪里

一、什么是肠内菌群

人的肠道内居住着100~500种细菌，总质量1~2千克。这些细菌在肠内就像个花团锦簇的大花园。它们按照自身的属性组成各自的集团，**统称为“肠内菌群”**。

肠内菌的数量约100万亿个，而人体细胞的数量约40万亿至60万亿个，肠内菌群的数量远远多于人体细胞的数量。

“肠内菌群”就像自然界的食物链一样有着自己严谨的生态结构，如同一个小宇宙。**因此，也被研究者和医生称为“身体的另一个器官”**。

由于年龄和饮食习惯的不同，每个人肠内细菌的种类、数量都各不相同，就像指纹一样各有特点。虽然也有人种、遗传因素等方面的倾向性，但是肠内菌群更大程度上还是取决于人们平时的生活与饮食习惯。

不同国家、地域的人们在饮食文化和生活习惯上的不同，导致肠内细菌的构成也大有区别。而即使是生活在一起、有血缘关系的家人，甚至是双胞胎，各自的肠内菌群结构也不一样。

肠内菌群不仅是我们体内的小伙伴，更是从祖先开始就与我们共生至今，影响与决定着人类的健康。怎样更好地与“菌”相伴和共生，是我们保持健康、维持年轻的秘诀。

知识链接

肠内菌从范围到级别有“属”“种”“株”的细分，从形态上则分为“球菌”“杆菌”“螺旋状菌”等。现将有代表性的肠内菌介绍如下：

拟杆菌属——主要存在于肠道，是阑尾炎和败血症的常见菌。

双歧杆菌——是肠道菌群的重要成员之一，能吸收和分解糖分，产生乳酸和乙酸，具有调节肠道菌群的作用，对儿童急慢性腹泻具有很好的治疗作用。

乳酸菌——属于杆菌，是保持肠内良好环境的有益菌。

梭菌——是阳性杆菌，属于有害菌，通常情况下不会作乱。

肠球菌——是院内感染的重要病原菌，不仅可引起尿路感染、皮肤软组织感染，严重时还可引起危及生命的腹腔感染、败血症和脑膜炎。

大肠杆菌——是条件致病菌，在一定条件下可以引起胃肠、尿道等局部组织器官感染。

二、我们的肠内菌群从哪里来

当我们还是婴儿时，在母亲的肚子里是处于无菌状态的。那么，我们的肠内菌群是从哪里来的呢？这个源头要从我们的出生说起。

婴儿在母亲体内时是处于无菌状态的，第一次接触菌类是在出生时。母亲的产道内有很多肠内菌，顺产的婴儿在通过产道的时候，就已经接触到了肠内细菌。

顺产的孩子经过产道，得到与母亲相同的菌群后，其胃酸会杀死一部分菌群，剩余的则会到达肠内驻扎下来，日后慢慢增殖、丰富起来。这也是母亲送给孩子的第一份礼物。

剖宫产的婴儿不是经过产道出生的，所以他们没有得到母亲完整的菌群结构，也就是说其肠道菌群并不完善，需要在哺乳期和接触外界环境的过程中一点点慢慢地积累。

刚出生的婴儿肠内菌的种类很少，尤其是最初的几个月，各种肠内菌处在或增或减的混乱状态中。只有通过与外界的接触，孩子才能慢慢形成自己的肠内菌群。

三、母亲的肠内菌群结构决定孩子健康的基础

肠内菌群结构大多在婴幼儿期定型，这个结构的形成与生活环境和饮食习惯有关。而给予孩子影响最大的，其实是母亲的肠内环境。

顺产孩子的肠内菌群结构基本跟母亲相似。日本的研究机构在100组母子肠内菌群的对比中发现，有75%的母子肠内有共同的菌。

决定孩子菌群结构这件事上，母亲的责任是重大的。母亲的肠内菌群如果不健康，会直接影响到孩子的健康状况。比如：有便秘症的母亲，其孩子也容易便秘；过敏体质的母亲，其孩子也容易是过敏体质。

大家通常认为的“体质遗传”，实际上就是肠内菌群的相似。

所以，正准备孕育孩子的女性和已经受孕的准妈妈们，应该首先调理好自己的肠内菌群，保持一个健康平衡的肠内菌群结构，在孩子出生的时候就把这份“大礼包”送给他。

在孩子幼儿时期建立起健康、平衡的肠内菌群，可以为其身体打下健康的基础。

如果孩子在小时候就肠内环境紊乱，肠内菌群不够丰富，那么他在成长的过程中就会容易生病，免疫力低下，成年以后便容易患上慢性病。

家长一定要抓住调理肠内菌群的重要时期，为孩子的健康把关。

四、肠内菌群住在哪里

大家知道肠内菌群栖息在人体的什么地方吗？

“肠内菌群”顾名思义是在肠内。肠分为“小肠”和“大肠”，一般肠内菌群是住在大肠内的，也叫作“大肠内外来细菌”。

人的皮肤、头发等处栖息着很多“常在菌”。人体从口腔到胃再到肠，最后至肛门，这条体内的通道里也居住着很多细菌。小肠上半部分的菌群数量还比较少，下半部分有一些乳酸杆菌，但是都比不过大肠内庞大的菌群数量。大肠内被发现的菌种最少有100种（还有很多未知的菌种有待研究），总数量约100万亿个，总质量1~2千克。肠内菌这样庞大的数量真令人惊讶。

这么多的肠内菌根据不同的种类、集团，划分出不同的领域，每个肠内菌集团都有各自的标志性颜色，五彩缤纷的肠内菌群，形成了一个有秩序的、不可思议的肠内菌群世界。

肠内菌的数量比我们自身的细胞总数还要庞大，如果肠内菌出现异变，可以想象将对人体产生多么巨大的影响！

第三章 CHAPTER 3

关于肠 你知道多少？

一、肠为什么这么重要

二、食物是怎么变成营养素的

三、肠内菌群合成人体所需的营养素

四、从外界摄取的有益菌无法在肠内“定居”

五、过量食用动物性脂肪食品对肠的危害

六、提高免疫力最好的训练方式

七、肠内菌群的种类与黄金比例

八、年龄与肠内菌群的变化

一、肠为什么这么重要

对人的健康而言，肠为什么是非常重要的？

首先，肠可以消化食物，吸收生命所需的必要营养素和水分。其次，人体70%~80%的免疫细胞存在于肠内，肠因此也成为人体最大的免疫器官。

人们通过“吃”来摄取维持生命的必要能量源，而维持身体健康所必需的能量源首先是“营养素”。我们的身体有40万亿至60万亿个细胞，从出生到死亡，我们需要不断地摄取营养素来让这些细胞正常活动，比如“三大营养物质”——糖类、蛋白质、脂类。

我们的身体每天都有几千亿个细胞被代谢掉，同时会有新的细胞诞生代替旧的细胞。对于新的细胞来说，“三大营养物质”是必不可少的。如果身体细胞没有充足的能量和营养素供给，人类是无法生存的。

植物以外的生物，大多必须靠“吃”食物来从外界摄取营养，同时通过自身胃肠的消化吸收功能，获取身体所需的营养素。

维持生命的不可或缺的另一个物质，就是“水”。成年人体内水含量大约占其体重的70%。水的分子非常小，它可以穿梭于细胞之中，存在于身体各处，是身体新陈代谢所必需的物质。水也是人体白细胞、红细胞、淋巴液等的基本成分。

我们喝的水、茶、果汁以及食物中的水分，绝大部分是被肠吸收的。干净的水会使全身细胞变得干净，相反，污染的水会让全身细胞受到污染。

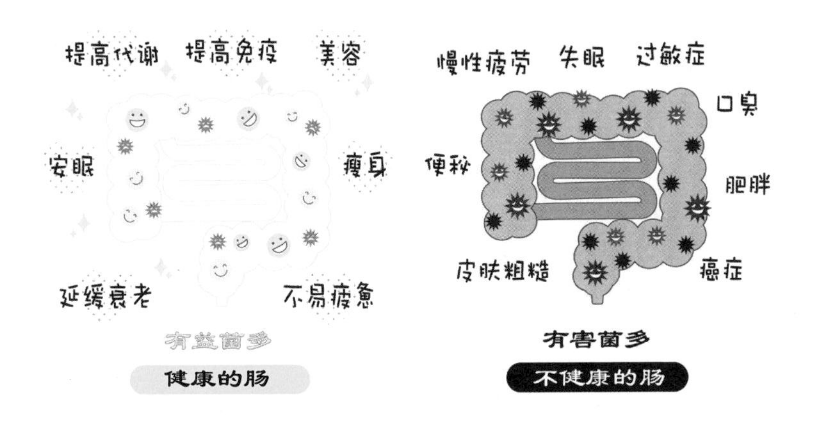

二、食物是怎么变成营养素的

大家都知道，胃肠是主要负责消化和吸收的器官。食物进入口腔后要进行咀嚼，这是第一阶段的物理粉碎过程，要尽可能让粉碎的食物与唾液结合，因为唾液中的消化酶能分解糖质。

如今的食物偏向软性，因而人们常常忘记了要好好咀嚼。从小孩到大人，很多人都没有充分咀嚼就吞下食物，给消化器官带来很大负担。食物无法完全消化，因此营养也无法完全被人体吸收，有时一些未充分咀嚼的食物甚至会原样排出体外，这就是没有给消化吸收器官做好准备。

这里需要大家记得：吃东西时一定要好好咀嚼，这是对肠胃有益的好习惯。

在胃里的消化：咀嚼过的食物通过食管被送进胃里，胃壁会分泌出强酸来杀菌，同时分泌消化酶来分解蛋白质。胃通过蠕动强力搅拌食物，把食物变成泥状。

但是有一点要注意，如果没有进行有效咀嚼来粉碎食物，那么大块的食物进入胃之后，胃酸的搅拌只能消化大块食物的表面，而这样的大块食物是无法通过十二指肠的闸门进入“下一站”的。

那些不能通过十二指肠的食物就会积存在胃里，发酵腐败。**很多人有打嗝（医学上称呃逆）和口臭的烦恼，这就是因为胃里存积了没有被充分咀嚼的食物**。

食物从胃到小肠的过程：食物从胃到十二指肠，十二指肠的阀门打开，胆汁和胰液流入，与消化成泥状的食物混在一起。胆汁是碱性的，与胃酸中和，帮助分解脂肪。胰液有润滑作用，也被称为天然的便秘药。胰液中富含消化酶，可以分解葡萄糖和氨基酸等营养素。食物从胃到小肠，是一个化学分解的过程。

消化器官中最重要的是小肠和大肠。小肠分为十二指肠、空肠和回肠。大肠分为盲肠、阑尾、结肠、直肠。小肠全长（成人）5米至7米，十二指肠是起点，空肠和回肠没有明确的交界点，空肠有点粗，回肠稍细。空肠和回肠中都有绒毛状凸起，负责从食物中吸收营养。

食物到达小肠的时候，实际上已经被多种酶分解成很小的分子，小肠会把其中基本的营养素和水分都吸收掉。小肠黏膜上有很多毛细血管和毛细淋巴管，通过这些可把吸收的营养素输送到全身各处。腹部的右下方有小肠的出口，这里是大肠的起点，连接盲肠→阑尾→升结肠→横结肠→降结肠→乙状结肠→直肠，最后到达肛门。

作为消化器官的大肠有三个非常重要的职责。

第一，吸收剩余营养以及食物残渣中的水分。

大肠比小肠稍粗，以成人为例，大肠直径约7厘米，长度约1.5米。大肠的黏膜跟小肠相比更加润滑，没有细小的褶皱和绒毛，表面黏膜细胞非常薄，也很细腻，周围有很多毛细血管和毛细淋巴管。食物残渣中的营养素被大肠黏膜细胞吸收，通过毛细血管和毛细淋巴管运输，与小肠毛细血管在门静脉汇合，通过肝脏、心脏、动脉输送到全身各处。

第二，分解营养素，生成重要的能量源。

大肠与小肠虽然都能吸收营养素和水分，但是它们的区别在于，大肠内住着比人身体细胞数量还多的肠内细菌，这些肠内细菌对我们的身心健康产生了各种各样的影响。

肠内细菌被分成三大类，既有对身体有好处的“**有益菌**”，又有对身体有害的“**有害菌**”，还有不好不坏的“**中性菌**”。

小肠无法消化的营养素，特别是膳食纤维和低聚糖等，在大肠中分解，生成重要的能量源。乳酸菌可以合成维生素，有用于转换糖质的维生素B_2，也有用于消除疲劳的B_6，还有用于生成红细胞的B_{12}和强化骨骼必需的维生素K等。

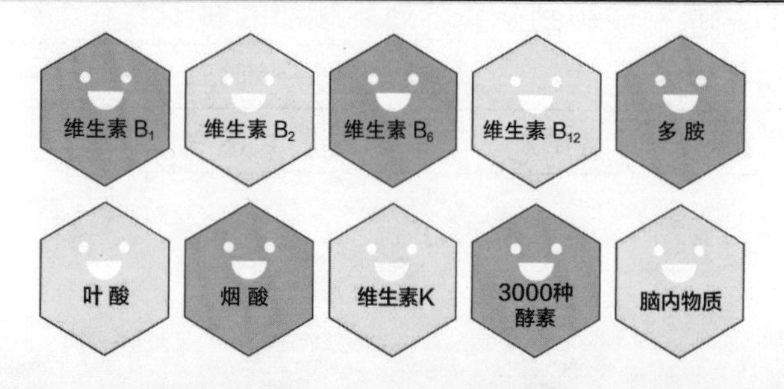

合成的维生素被大肠黏膜细胞吸收，通过毛细血管和毛细淋巴管输送到全身各处。

第三，大肠能把对身体有害的物质排出体外。

食物的残渣最终会变成原体积的十分之一大小或者更小，通过消化器官特有的“蠕动运动”被送到直肠，最终从肛门排出体外，这就是我们所说的“便”。大家可能会认为所排的便全都是食物的残渣，其实并不全是。

小肠和大肠的黏膜细胞新陈代谢是非常快的，特别是它们每天没有休息地进行分解、消化、吸收食物的工作，大约一天到一天半就会有新的细胞生成代替旧的细胞。

小肠内的黏膜消化吸收面积可达两百平方米，只需一天时间就会全部被新陈代谢掉。大家可以想象一下这是多么庞大的细胞数量。大肠中住着的肠内细菌，它们也会在完成了自己的工作以后被代谢掉，这个数量当然也非常庞大。

其实，便中约有80%是水分，固体物质中小肠和大肠消化吸收以后的食物残渣占整体体积的三分之一，剩下的三分之二是肠代谢掉的黏膜细胞和肠内细菌，还有对身体有害的病原体的尸骸，以及各种各样的有毒化学物质。大肠是排泄对身体有害物质的重要地方，所以保持大肠功能的正常运转是非常重要的。

三、肠内菌群合成人体所需的营养素

维生素C、维生素E等是人体不可缺少的营养素。人们以前认为，“很多维生素都是身体无法合成的，必须从食物和外界摄取”。其实，早在几十年前就有人提出，营养素的一部分是由肠内菌群合成的，而在近些年的研究中，这个理论也逐步得到证实。**例如：维生素B族（B_1、B_2、B_6、B_{12}、叶酸、烟酸）、维生素K等便是由肠内菌群合成的**。

维生素B_1	**其作用是置换从米饭和面包等碳水化合物中摄取的糖分，维生素B_1所产生的能量作用于身体中枢神经和末梢神经，它能够保持神经功能的正常运行。**
维生素B_2	**能够产生帮助代谢脂质的能量，促进细胞正常发育，保证各个器官黏膜的正常工作。**
维生素B_6	**能促进蛋白质代谢，运送体内氨基酸，能保持皮肤的弹性、光泽和水分。**
叶酸	**叶酸与血液关联，能改善贫血，生成红细胞，有预防动脉硬化的作用。**
烟酸	**置换糖分、脂质、蛋白质的营养素能量，促进末梢血液循环。**
维生素K	**能止血，是有凝血作用的凝血蛋白的重要成分。**

这些身体重要的营养素，都可以由肠内菌群合成的。**肠内菌群不仅能合成维生素，还能合成酶**。在肠内合成的酶大约有3 000种，肝脏合成的酶大约有500种，肠内菌群合成的酶的种类远远多于肝脏的合成种类。

肠内菌群还会生成“多胺”这种化学物质，它能帮助细胞修复和分裂，合成遗传物质和蛋白质，调节活性氧，是与各种生命现象相关的神秘物质。缺少这种物质，会使细胞缺少活性，影响细胞的分裂和再生。随着人们年龄的增长，这个物质会自然减少，所以人就会渐渐衰老。“多胺”也被称为“保持年轻的物质”。

鳕鱼子、蘑菇、豆类等食物中都含有“多胺”，摄入这些食品的时候，“多胺”便会被小肠吸收，随着血液循环输送到全身细胞。而大肠内的“多胺”则是大肠内的菌群自己合成的。**也就是说：当肠内环境健康、充满活力时，便能够让人保持年轻的状态**。

四、从外界摄取的有益菌无法在肠内“定居”

大家都知道增加有益菌对身体有好处，于是很多人都会选择喝酸奶、乳酸饮料和益生菌。近年来，我们研究发现，经口服进入人体的外来菌很难在肠内附着，它们进入肠内最多一周，通常3~7天，就会随着粪便一起被排出体外。

肠内有肠道免疫的防御系统，肠内住着的“常在菌”就是肠内“原有居民”。它们不接受外来菌迁居到自己的居住领域，更不会轻易允许任何菌来打破肠内原有的秩序，肠道免疫会产生生物反应把外来菌排出体外。因此，外界补充的菌很难停留在肠内。

不要只听信广告而随便选择市面上某种宣传得很好的菌来服用，原则上，如果自己肠内本身没有这种菌的话，补充进来也是会被身体排出的。要给肠内原有的有益菌喂它们喜欢的“粮食”，增加有益菌，抑制有害菌，调节肠内的酸碱平衡，使肠内菌群达到理想的健康比例。改善肠内菌群的重点是培养原有的肠内菌群，增加我们自身的有益菌数量。这样才是最安全、有效的办法。

五、过量食用动物性脂肪食品对肠的危害

动物性高脂肪、高蛋白食品的残渣有很强的黏着性，会附着在肠黏膜上不易脱落。如果你长期大量摄取这类食物，再加上持续的精神压力或睡眠不足等不良生活习惯，则食物残渣会降低肠的蠕动功能，引起便秘。

一旦肠功能低下，它就无法顺利吸收身体所需的营养素。而我们身体需要营养素的时候，脑就会产生更多“想吃”的指令，不知不觉就会吃多，这样反而加重了肠的负担。无法被肠顺利吸收的营养素，会让人腹泻，营养素也会被直接排出体外。

肠是人体最大的免疫器官，如果积存了过多的高脂肪、高蛋白的食物残渣，肠内菌群中的有害菌便会增加，会产生大量有毒气体和腐败毒素，对肠内免疫细胞进行破坏。**结果是，免疫系统出现问题，引起全身免疫异常，人便容易患感染症、过敏症、各种慢性疾病，甚至癌症。**

六、提高免疫力最好的训练方式

人生存在这个世界上，时刻都在与外界病原体产生接触与抗争。免疫细胞通过与各种外敌的战斗积累经验，提高对病原体的攻击能力。如果我们身处的环境过于清洁、无菌，免疫力得不到锻炼，则会缺乏战斗能力。

小孩子在三岁之前接触到的外界细菌，会直接住进他的大肠里，丰富其自身的肠内菌群。肠内菌群也影响着我们的免疫力、健康、寿命以及性格等。

肠内菌群可以锻炼身体的免疫细胞，它们是免疫细胞最好的训练对手。肠内有益菌可以提高免疫细胞的免疫能力；相反，肠内有害菌会降低身体的免疫力。

在过度清洁的环境中成长起来的孩子，大多对疾病的抵抗力比较弱，免疫力低下。家长要有意识地强化孩子的肠道免疫，增加其肠内有益菌的数量，以此提高其身体免疫力。要让孩子多接触自然，多触摸土壤，这样也可以丰富自身菌群。

我们身体与生俱来的免疫力，加上肠内菌群，让我们的免疫系统更强、更精密。

七、肠内菌群的种类与黄金比例

左右我们肠内环境的是住在我们肠内的100万亿个肠内菌。肠内菌与宿主（人体）是共生关系，它们把我们食物中的营养素作为食物，发酵增殖，生成各种各样的代谢物，对人体的机能会产生很大的影响。它们附着在肠壁黏膜上，就像花园里的花一样五彩缤纷。

肠内菌群大致分为“有益菌”“有害菌”和“中性菌”三种。

理想的黄金比例是：有益菌占20%，有害菌占10%，中性菌占70%。

中性菌不分好坏，它只会帮助占优势的菌。如果能保持肠内菌群健康的黄金比率，始终让肠内有益菌占优势的话，中性菌就会帮助有益菌维持身体平衡。

如果逆转了这个黄金比例，人在生病或者免疫力低下的时候（肠内环境恶化，有害菌占优势），中性菌就会帮助有害菌一起作恶，在肠内产生有毒物质，使肠内环境急速恶化。此时有毒物质会随着血液循环全身，导致各种各样的身体问题出现。

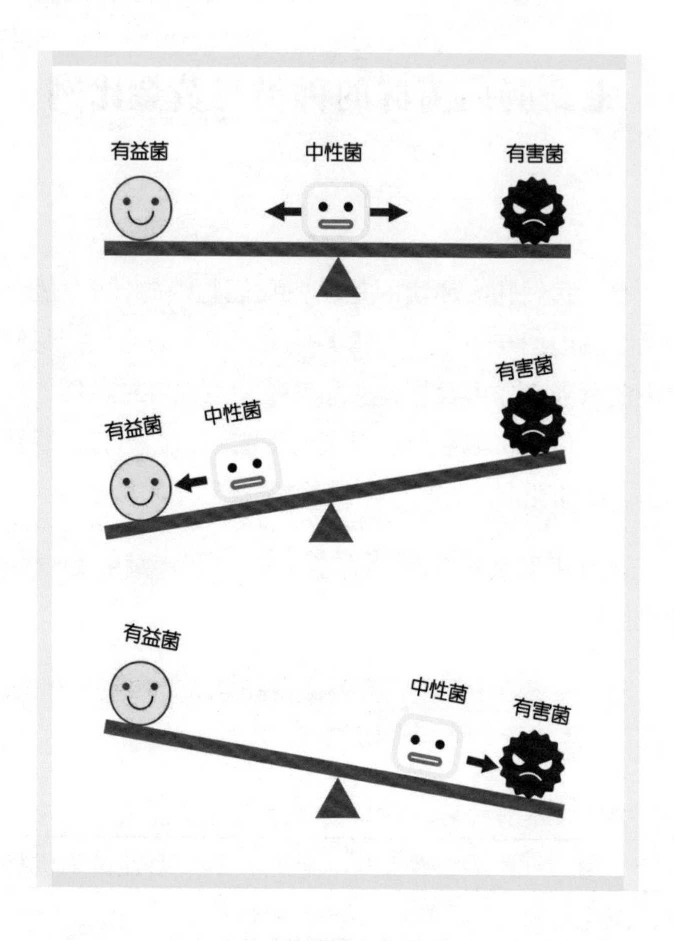

肠内细菌的总数是基本固定的，我们只能努力改变有益菌和有害菌各自所占的比例。

总数不变的情况下，如果增加有益菌，有害菌自然就会减少；如果有益菌减少，有害菌就会增加。这两种菌一直在进行你来我往的“争地盘”式抗争。

大肠内的有益菌和有害菌的比例关系直接影响我们身体的健康。通常，有益菌和有害菌的比例跟孩子出生后到三岁之前这段时间接触的环境和饮食习惯有关。然而也会有很多其他因素影响肠内菌群的结构，使其发生改变。

青壮年时期，我们肠内有益菌和有害菌会基本保持在一个平衡的状态。但随着年龄增长，有益菌会急剧减少，有害菌的数量会增加，这是人体自然的生理变化。

影响肠内菌群结构的不只是年龄的增长，偏食、运动不足、精神压力大、睡眠不足、食用食品添加剂、过度使用抗生素等，也会使肠内菌群的种类减少，加速破坏肠内环境，使身体状态和心理状态受到影响。

肠内有害菌

有害菌是恶臭的根源、产生腐败的物质，也叫作“腐败菌”。其代表有“葡萄球菌”“大肠菌”等。有害菌会使肉类食物中含有的动物蛋白质腐败发酵，产生有毒气体和有毒化学物质，是臭屁和臭便的根源。

有毒化学物质会对肠黏膜造成伤害，这种伤害长年累月地积攒，就会大大提高结直肠癌的发病率。

在有毒化学物质不太多的情况下，它们通常会被大肠吸收并输送到肝脏，再通过肝脏解毒后与尿液一同排出体外。但当肠内持续产生大量有毒化学物质的时候，肝脏的负担会加重，功能会慢慢变弱，解毒能力也会随之降低。

有毒化学物质来不及处理的时候，就会在身体内循环，使人加速衰老，并且提高了癌症的发病率。

当人的免疫力降低时，有害菌会增加。这是一个恶性循环，也是导致各种各样严重疾病发生的原因。

肠内有益菌

有益菌包括乳酸菌、乳酸杆菌、双歧杆菌等很多菌种。首先，乳酸菌可以分解、发酵营养素中的糖类，从而产生大量的乳酸。

乳酸菌中的双歧杆菌可以生成乳酸和乙酸，乳酸和乙酸的作用是刺激大肠黏膜对没有完全被小肠吸收的营养素进行再次吸收，并且促进肠蠕动，把便运送到直肠、肛门，直至排出体外。

乳酸菌分解糖类产生的乳酸和乙酸，可以使大肠内保持弱酸性环境。有害菌喜欢碱性环境，不喜欢弱酸性环境，通

过调整肠内环境可以抑制有害菌的数量和活性。

有益菌中含有人体自身没有的消化酶，没有被小肠消化吸收的营养素到了大肠，被有益菌分解，制造出维持生命所需的氨基酸和维生素B_{12}等营养素。

有害菌会使动物性脂肪分解、腐败，产生很多有毒物质。而有益菌则会将有害菌产生的有害物质和致癌物质分解并使之无毒化。有益菌还会吸附有毒物质，让它们随着宿便排出体外。

肠内中性菌

肠内中性菌的属性是既不好也不坏的肠内细菌。但是，它们也是“墙头草”。

健康的时候，有益菌占上风，中性菌很乖巧；而免疫力低下、身体不好的时候，有害菌会增加，中性菌就会跟着有害菌一起作乱，对健康产生危害。

我们的身体有一条通道，从口腔到胃，再到小肠、大肠、肛门，这条通道一直与外界相通。各种各样的菌会进入这条通道之中，其中难免有很多有害菌。

我们能做的就是尽量减少有害菌作乱，保持健康的饮食习惯。有意识地增加有益菌是维持肠内菌群结构稳定的好办法。

八、年龄与肠内菌群的变化

很多人认为“肠内菌群与遗传有关”，其实人生下来的时候是无菌状态，菌是在出生的时候和出生后所接触的人和环境传递给婴儿的。因为出生后孩子接触最多的是自己的父母，因此孩子的肠内菌群结构跟父母很像，使得大家误以为是遗传的原因，但事实并非如此。

如果后天没有接受“粪便移植”或者“洗肠”，肠内菌群从小定型的结构比例不会有太大的改变。肠内菌也需要吃它们所需要的食物来增殖。**饮食习惯和生活习惯会改变肠内菌群的倾向性，或者往好的方向，或者往不好的方向发展**。**我们之前说的黄金比例，就是可以通过有意识地培养肠内菌来改变的**。

婴儿和成年人的肠内菌类型是不同的。人步入老年后，伴随人体机能的老化，会出现各种生理机能低下的情况，其吃的东西在肠内存储时间会变长，容易引起肠内腐败，使肠内菌群的结构也发生很大变化。

从60岁开始，人体肠内有益菌的数量会生理性减少，有害菌会增多。如黄色葡萄球菌这样致病性很强的有害菌也会增加。很多人说“一般老年人排便臭味很重”，其实就说明在老年人的肠内菌群中，有害菌占优势了，这对健康是非常不利的。

肠道细菌与健康密切相关，随着年龄的增长，肠内环境自然恶化是事实，但这也不是绝对的。如果有科学的指导，在生活中加以注意，60岁以后的人肠内菌群的结构还是可以保持良好的平衡状态。然而，如今很多年轻人的肠内菌群结构破坏程度严重，提早了肠老化。

为了保持长久、良好的健康状态，就要努力保持肠内有益菌占主导地位，有害菌处劣势（比例为2:1），这才是保持健康状态的关键。从某种角度来说，能够最大限度地阻止因年龄增长而带来的生理变化，是保持年轻的秘诀。

第四章

CHAPTER 4

有趣的肠内菌群

一、一方水土养一方人

二、不干不净吃了没病

三、新生儿的“采生”

四、血型与肠内菌群的奥秘

五、“胖子菌”和“瘦子菌”的秘密

六、珍惜上有老下有小的日子

一、一方水土养一方人

肠内菌群的种类及数量，就像每个人的指纹一样，各不相同。不同国家、不同地域人们的饮食习惯和生活方式的不同，让其肠内菌群的构成也有很大差别。

同卵双胞胎的肠内菌群是比较相似的，一起生活的夫妻肠内菌群结构也比较接近，而身处同一个地方的人们肠内菌群也有共同之处。

比如，日本人肠内就有很多能够对海藻等食物中的纤维进行分解的菌，而西方人的肠内这种菌就比较少。这就如我们常说的“一方水土养一方人”，同一个地域的人，体质和健康状况会比较相似，但是每个人还有各自的特点。

饮食习惯和生活习惯的变化很大程度上会左右肠的健康状况。随着年龄的增长，人们肠内菌群的种类有逐渐减少的趋势，并且很可能失去多样性。而现代人的饮食缺乏膳食纤维，过量食用高脂肪、添加防腐剂的食物，以及大量使用抗生素等，都可能破坏肠内菌群。

二、不干不净吃了没病

我有一个朋友，她有两个孩子。生老大的时候全家人都很珍视这第一个孩子，严格科学喂养，结果孩子反复感冒，免疫力低下，还患有过敏性皮肤病，需要常年涂药膏。而对待老二则基本属于放养，不像对待第一个孩子一样那么小心翼翼地照顾，老二的身体反而很结实，还不怎么生病。

后来朋友因为工作原因不得不搬到郊外生活，从高楼搬到小别墅，自己有小院子可以种花、种蔬菜，还养了一只小狗。孩子们每天自己走路上下学，路过草丛看到小虫子就停下来捉一会儿虫子，遇到小鸟便追逐跑跳。

就这样，一年以后老大身上的过敏性皮肤病痊愈了，没有用任何药物便不知不觉好了。

可能大家觉得这很神奇，其实这与孩子的肠内菌群丰富起来了，免疫力提高有关。

在多年的临床实践中，我还发现了一些很有趣的现象。

在农家，特别是从事畜牧业的农家，其孩子很少有过敏的情况；兄弟姐妹越多的家庭，越少有过敏体质的人。

如前面讲的我朋友家孩子的情况，一般第一个孩子容易患过敏症，第二个孩子的身体则比较结实；还有，有全职母亲的家庭，孩子患过敏症的概率会比较高；母亲肠内菌群结构不好的话，孩子也容易体弱多病。

这些有趣的现象总结起来，就是过度除菌、干净的环境会改变肠内菌群结构，肠内有益菌数量减少，人体免疫力就会出现异常，过敏症就是免疫异常的一个表现。

老一辈人经常说“不干不净吃了没病”，其实就是这个道理。

现代人精致的饮食、美味的调料、过度的杀菌、使用大量的抗生素等，都会毁掉我们传承于祖先的早已进化了的“健康基因”。

所以我经常告诉患有过敏症的孩子的家长：

多带孩子去大自然中，尽情玩泥土，土壤中有土壤菌，每克土壤中富含的微生物和细菌约10亿个。多接触土壤菌可以丰富我们的肠内菌群，增强免疫力。不用担心土脏，会让孩子生病，可以放心让孩子回归自然，尽情玩土，这对孩子的身体有好处。

统计报告显示，常去牧场的孩子几乎没有过敏症，身体素质都比较强。现在的生活环境问题就出在太过干净了，每个人都应该多回归自然，多玩土，学会与微生物共生。

三、新生儿的“采生”

很多地方有“采生”的习俗，“采生”是说自孩子降生以后，除了医生和护士之外，家里人或者认识的街坊，谁先第一个见到、抱过这孩子，就称为给孩子“采生”。

据说，第一个看过并抱过刚出生的孩子的人，孩子长大后就会像他。

一些老年人对此更是坚信不疑。有些孩子的父母总是要精心选择一位除自己之外的其他人，来抱抱刚出生的宝宝，希望孩子将来能够在某些方面和此人相像。

虽然如今仍有很多人传承着这个习俗，但是谁也不知道原因。我在研究肠内菌群与健康的这些年里，在肠内菌群中找到了答案。

之前，我们说过孩子出生后会通过与外界的接触，慢慢丰富自己的菌群。在婴儿时期肠内菌群并不稳定的时候，周边的人和环境的菌都是可以通过接触传递给孩子的。

在孩子三岁以前，能够近距离、长时间接触孩子的人，都有机会把自己的肠内菌群传递给孩子，奠定孩子肠内菌群的基础。

“采生”时抱过孩子的人的菌群也会传递给孩子。

肠内菌群在孩子三岁之后会慢慢定型。因此，在孩子三岁前，如果家长能够多重视孩子肠内菌群的培养，那么对于孩子的成长、大脑的发育、良好的心态，以及青春期的状态、注意力的集中、抗压能力、记忆力、免疫力等都会有很大影响。

健康平衡的肠内菌群对孩子的一生都是非常重要的。

四、血型与肠内菌群的奥秘

二十世纪初，奥地利维也纳大学的医学家、生理学家卡尔·兰德斯坦纳（Karl Landsteiner）和他的学生发现了四种血型：A型、B型、O型和AB型。

就像西方人对星座的崇拜一样，现在很多人喜欢谈论血型与性格、血型与命运、血型与健康的话题。

◎ 例如 ◎

A型血的人	具有创造力，理智，一丝不苟，过分认真。
B型血的人	自由奔放，积极，实干家，自我为中心。
O型血的人	大大咧咧，善于交际，乐观，自负。
AB型血的人	冷酷，克制，理性，批判性的，举棋不定。

对于以血型判断人的性格，很多科学家是持否定意见的。有人指出，血型是指血液中蛋白质含量的多少，与性格无关。

其实很多人并不清楚决定人的血型的物质到底是什么，为什么会出现不同的血型。其实，我们可以认为血型能够体现出人的一些性格特点，这并不是迷信的说法，因为这是从免疫学的观点出发的。

人从出生开始，因为血型的不同，其所带有的先天免疫力也就存在着差异。每种血型都会有其容易患的疾病和不容易患的疾病。血型不同，免疫力和肠内菌群的倾向性也不同。

◎ **例如** ◎

A型血的人，相对来说免疫力较弱。所以他们会谨慎，一丝不苟，想得比较多。

B型血的人，是仅次于O型血，免疫力较强的血型，性格上有不太合群和自由奔放的倾向。

O型血的人，免疫力比较强，有精神，自我意识强。

AB型血的人，是免疫力最低的，他们得感染症的风险大，所以性格倾向于避开人群，不太喜欢说话，性格内向的比较多。

关于肠内菌群与血型的形成有这样的传说：

大约四万年前，今天欧洲人的直系祖先克罗马农人全部都是O型血，没有一个A型血或B型血。

细菌在生命诞生之初就已经存在，在漫长的共生历史中，持有A物质和B物质的菌潜入人类基因内部，这叫遗传性移入。这个移入的结果，让人类出现了A型血、B型血和AB型血。

肠内细菌不但左右人的健康，还与人类进化有密切的关系。

肠内菌小宇宙就像人类社会的微缩呈现，它在人类的进化史中与人类共生共存，影响着人的健康、寿命、性格。我们要健康快乐地生活，首先就要重视和改善肠内菌的生存环境与结构，使菌群的结构尽量接近理想的黄金比例。

了解自己的身体，把养护肠内菌群当成生活的一部分，这是现代人保持健康的一门必修课。

五、“胖子菌”和“瘦子菌”的秘密

肥胖不仅影响人的体貌，也易引发糖尿病、高血压、高脂血症等疾病，此外还易导致不孕症、月经不调、内分泌失调等。在导致人类死亡的十大病症中，约有一半以上与肥胖有关。

目前世界卫生组织及美国医学会视肥胖为一种疾病，**并预测“肥胖症”未来将成为全球首要的健康问题**。

导致肥胖的外因以饮食过多、活动过少为主。热量摄入多于热量消耗，使脂肪增加，这是产生肥胖的物质基础。内因则指向脂肪代谢紊乱，不良的饮食习惯直接造成肠内环境紊乱，肠内菌群中的有害菌占优势。

胖子菌多

为什么有的人怎么吃都不胖，而有的人喝水都会胖？

是体质问题，还是吸收能力不同？是代谢能力不同，还是因为遗传？

我用科学来告诉你，到底为

什么。

华盛顿大学的研究人员在动物实验中将无菌小白鼠进行分组，并将胖人的肠道菌群和瘦人的肠道菌群分别移植给它们，每天给小白鼠喂同样的食物，让它们做同样的运动。一个月后，移植瘦人肠道菌群的小白鼠没有任何变化，而移植了胖人肠道菌群的小白鼠脂肪明显增多，变得很胖。科学家经过了多次重复实验，得出的结论都是一样的：同样的饮食，同样的运动量，一个人的胖瘦跟肠内菌群有关。这个结论已经得到了科学的证实。

日本东京农工大学教授木村郁夫做了更进一步的研究。人的身体内有一种“短链脂肪酸”，被认为是“天然的减肥药”。脂肪酸能够吸收血液中的营养、储存能量，但如果过度吸收营养就会造成肥胖，而“短链脂肪酸”可以抑制脂肪酸吸收营养。短链脂肪酸是由肠内菌制造出来的，如果肠内环境紊乱，肠内菌群缺少制造短链脂肪酸的有益菌，体内就会堆积多余的脂肪，导致肥胖。

短链脂肪酸是无法通过饮食摄取到的，一定要先调节肠道菌群的平衡，只有增加有益菌才能得到它。短链脂肪酸不但能抑制体内多余脂肪的存积，还能帮助人体提高代谢能力，是一种非常有效的预防肥胖的“天然减肥药”。

瘦子菌多

六、珍惜上有老下有小的日子

最近我经常听到身边的朋友抱怨，说人到中年“上有老下有小”，生活压力大。父母步履已蹒跚，孩子的成长和学业也开始让人操心，加上工作的压力……很多事积累到一起，突然感到了真实的中年压力。心疼父母双鬓已斑白，期望孩子成人成才。

中年人不是不向往诗与远方，不是不愿意享受人生，只因为肩负着责任。时间无法停止，我们只能选择在有限的时间里做最大的努力，让生活更美好。

如果可以让老人保持健康状态，让他们能老得慢一点，同时让孩子能身心健康地成长，把这个需要中年人同时付出体力与精力的时间错开，那么养育孩子就不用太操心，还可以有更多的时间陪伴与照顾父母。这样，我们就没有那么辛苦了，这也是化解中年危机，顺利度过“上有老下有小”时期最有效的办法。

我们再回想一下第一章的问题：“人为什么会生病？”

生病一是由“外界入侵体内的毒素”引起的，另一个

是由“自身生成的毒素”造成的。

大多数疾病的发生都是由肠污染导致免疫力降低或者免疫异常，外界毒素乘虚而入在体内积聚引起的。

如果我们每个人都能有意识地把清除大肠污染、保持肠内菌群结构的平衡当成重要的事情来认真对待，就可以大大降低疾病的发生率。

想要让孩子健康成长，则身体和心灵两方面都要兼顾。身心健康同样需要强化肠内菌群。

“肠脑相关”——健康的肠会制造出脑所需要的荷尔蒙物质，它们90%在肠内，并且对孩子的脑发育、注意力、记忆力，以及良好的心态都有帮助。

强化肠内菌群可以提高孩子的免疫力，让孩子少生病，少受打针吃药的副作用危害，让孩子在成长过程中顺利度过青春期，用健康的身体和平和的心态面对中考、高考等人生转折点。

在上有老下有小的日子里，我们可以陪伴在父母身边，做父母眼里长不大的孩子，享受永不褪色的父爱与母爱。

在上有老下有小的日子里，我们养育和珍爱孩子，因为有了他们，我们才有了努力拼搏的动力和勇气。

“上有老下有小”的幸福，值得用“大智慧”好好维护。

第五章

CHAPTER 5

肠内菌群现代人的

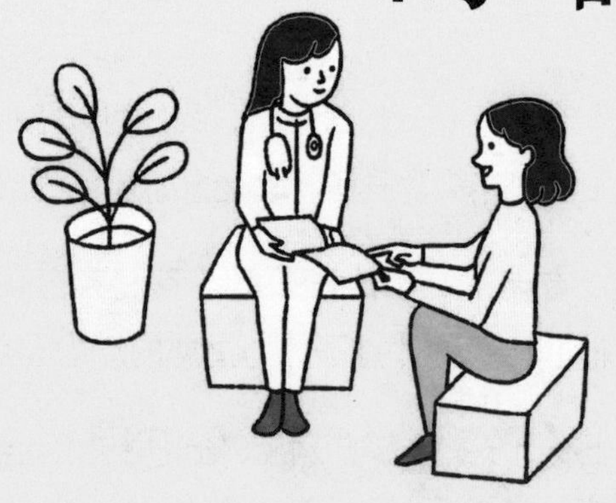

Intestinal
FLORA
and
IMMUNITY

一、可怕的便秘

二、为什么女性容易便秘

三、便秘对美容的危害

四、儿童便秘不可拖延太久

五、三岁之前培养孩子肠内菌群的原因

六、抗生素与药物耐药性

七、感染症

八、动脉硬化

九、胆固醇和甘油三酯

十、自测生活习惯

一、可怕的便秘

关于便秘的判定标准：最新的便秘判定标准形成于2017年。2017年以前的说法是，只要三天没有排便就被称为“便秘”。新的便秘标准不仅指排便次数，也包括“排便困难”“残便感”等，这些都被称为“便秘”。

判断是否便秘的重要标准之一是排便的软硬程度，以及排便时是否伴有疼痛症状。即使每三天才排一次便，但排便时毫无疼痛感，排出的便软硬程度适中，那么就不能算是便秘。相反，虽然每天都排便，但过程非常痛苦，而且排出的便很硬，这在医学上就可以判定为便秘了。

即使不是医学上严格判定的便秘，但如果排便不规律，依然不属于健康状态。比如，每日三餐进食都很正常，但排便却是三天一次的话，这种只“进”不“出”的状态会让你觉得肚子很不舒服。

食物从吃进肚子到排出体外，要经过长约9米的消化器官，其中有近8米是肠道。消化后的食物残渣到达大肠，在大肠内被吸收水分最终形成粪便。

粪便在大肠内不能及时排出的话，就会繁殖很多有害毒素或致癌物质，一般这个时候肠内有害菌会占上风，对人的健康构成威胁，因为这样的环境更有利于有害物质的发酵与繁殖。有害物质会随着血液循环被带到身体各处，每一个脏器，每一处肌肤，每一个细胞，都有可能受到有害物质或致癌物质的污染，导致身体各处出现各种莫名其妙的症状。有些看似跟肠没有关系的症状，其实致病根源就可能与肠有关。

便秘使肠内有害菌、致癌物质增加，人体免疫力降低，增加结直肠癌的发病率。现在也有一些学者认为，帕金森综合征和阿尔茨海默病可能始于肠道。

我们通常能感觉到的身体不健康表现有：脂肪堆积、肚子胀、肥胖、口臭、浮肿、脸色不好、起痘痘，以及睡眠障碍、容易紧张、发脾气、焦虑等，严重的还会出现抑郁。长期便秘还会导致一些慢性疾病的发生，如皮肤病、胃肠炎、高血压、高胆固醇、肥胖症等。

人类肠内的正常温度大约为37℃，是最适合发酵的温度。

大家可以想象一下饭店处理剩饭剩菜的垃圾桶，残渣剩饭倒进去，在夏天30℃以上的高温下盖上盖子放三天会怎样？当你再次打开盖子的时候，刺鼻的、腐败的恶臭会迎面扑来。周围的水渠也被渗出来的腐败液体污染，没有人敢去靠近，那得有多少细菌、病毒以及难以想象的恐怖毒素啊！而当这些“垃圾”在我们体内进行发酵与腐败时，就成为相当可怕的事情！

想彻底清除这些腐臭的“垃圾”，并且保持肠内菌群处于一种平衡的状态，我们要怎么做呢？

第一，先把存积的腐臭“垃圾”全部倒掉。在一段时间内，尽可能控制少扔“垃圾”，截流入口，加大力度清理出口（最好可以安排一段时间，合理科学地断食排毒）。找出并改正造成你便秘的不良习惯，这些不良习惯一般都能在你的生活和饮食中找到答案。

第二，清空“垃圾桶”并将之彻底清洗冲刷干净。最安全有效的办法其实就是调节肠内菌群中有益菌和有害菌的比例。参考前面说的“肠内菌的黄金比例”，努力增加肠内有益菌，这是确切而又安全的彻底净化肠道的办法。

第三，周围流出的腐败液体造成的连带性污染，也要彻底冲刷干净。考虑到“污水”渗透到周围土壤，或者排出时有可能会有一些存留在“排水渠”，所以也要花时间好好冲刷“垃圾桶”，彻底去除污染所造成的不良影响。

便秘产生的大量有毒物质会随着毛细血管和毛细淋巴管蔓延全身，这就是连带性污染，也是导致身体各处出现不适症状的重要原因。

把处理垃圾、治理污水的办法，重新放回我们自己身上来思考一下，就不难找到彻底解决肠道污染的办法了。

截流才能治理，“肠”治才能久安。增加肠内有益菌，抑制肠内有害菌，这样就可以抑制毒素和致癌物质继续繁殖和蔓延。

人体70%~80%的免疫细胞生活在肠内，只有净化了肠道环境，才能提高免疫细胞活性。免疫细胞能够到全身各处去处理已经被污染的组织细胞，清除血液中积存的毒素，提高人体代谢和解毒能力，达到净化全身细胞的目的。

坚持好的生活习惯，积极保持肠内健康状态，这是身体健康的基础。“致病在肠，治病在肠”，肠是我们健康幸福的关键。

二、为什么女性容易便秘

我们在一次关于肠健康的调查中发现，48%的女性正在深受便秘的困扰：大约每两个人中就有一个人便秘，无法正常健康地排便，其中20~29岁的女性便秘率达50%。便秘症状有轻有重，便秘人群中60%~70%为重度便秘，其中便秘十年以上的不在少数，一周只排便一次的人数量也很多。

女性比男性更容易便秘，男性则容易腹泻。男性对精神压力承受能力较弱，神经性、过敏性肠综合征发病者是女性发病者的数倍。

那么，女性为什么更容易便秘？受荷尔蒙的影响是原因之一，也有人说是“体质问题，没有办法”。其实，女性便秘很大原因是不定时排便造成的。

有人说“因为便秘所以排便不定时”，其实正好相反，“因为排便不定时，所以造成了便秘”。

排便，如果在有便意的时候进行排便是最好的，但便意每天只会有1~2次。这个“便意”是很珍贵的，需要我们好好聆听身体的指令，听懂身体的话语。

如果感觉到有便意，却强忍着不去排便，直肠就不能顺利传达便意。在没有便意的时候当然不能正常排便，便在肠内长时间存积，反反复复就成了习惯性便秘。女性比男性更容易忍着便意，错过身体自然正常的排便时间。

每个人有便意的时间都不同。有的人是早上，但早上起床后需要收拾家务、上班、送孩子等，没有足够的时间排便，这样就错过了好不容易才有的便意。

有很多女生在上课或上班时不好意思长时间去厕所，也容易忍下好不容易才有的便意，错过排便的时间，让身体形成了一种默认的“不排便模式”。还有很多女性在减肥过程中选择节食或者少食，形成便的材料不足，当然会出现不排便或者排便少的情况。

2020年，全球女性因癌症而死亡的致病因中，结直肠癌排在第三位。

三、便秘对美容的危害

现在很多年轻女孩在应该长身体的时候就开始减肥，节食、少食。冬天也穿着短裙，身体受凉会影响便意的产生，影响正常排便。还有很多人因为运动不足造成便秘。排便需要一定的肌肉力，尤其是**“髂腰肌”和“腹肌”，直接影响有没有力气排便**。即使吃的食物很多，有足够排便的材料，但是用于排便的肌肉力不足，无法正常排便，这也是便秘形成的原因之一。

平时不排便，靠周末吃泻药排便的人越来越多，他们被称为“周末吃泻药排便族”。还有严重的便秘患者需要通过灌肠解决排便，这些都会加速肠的老化。肠老化会影响人的外貌，使人脸上出现皱纹，头上出现白发。

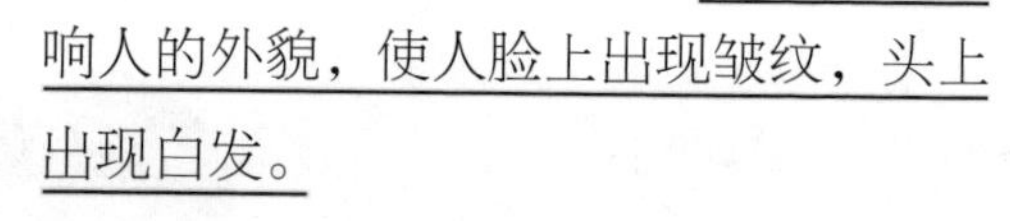

便秘的人肠内环境紊乱，有害菌产生很多有毒物质被肠再次吸收，随着血液循环至全身，使皮肤老化、起痘痘，脸色发黑，皮肤没有光泽等。可以说，**便秘是美容的天敌**。

四、儿童便秘不可拖延太久

现在很多儿童也有便秘的情况，有的4~5天排便一次，有的会在不自觉的情况下反复排便，医学上叫作“遗粪症”，这也是跟便秘有关的表现。

小孩的肠不像大人那么长，如果粪便积攒得太多，就会有漏出的情况发生。孩子的便秘问题需要大人们加以重视。

我们曾经对日本首都圈6所小学的427名儿童进行调查，其中60%的孩子每天正常排便，20%的孩子每2天排便1次，20%的孩子每3天排便2次。

便秘儿童在饮食上多为蔬菜摄取量不足、运动不足、动物性脂肪食品摄取过多等，他们的肠容易提前老化。

改善儿童便秘首先要让他们有个轻松的心情去厕所排便。很多孩子由于便秘，粪便中的水分被过度吸收后，便会变得很硬、很难排出体外，有时甚至伴随疼痛感和出血情况，于是孩子就越来越不愿意排便。因此他们在学校或幼儿园处于紧张状态时就忍着不去厕所。

孩子天生敏感，很多孩子排便困难的原因跟精神压力有关。**肠的蠕动是交感神经和副交感神经的互动激发的，容易受到精神压力的影响**。比如有的家长总是责备孩子，动不动就批评孩子，这样也可能造成孩子便秘。

尽快帮助孩子排除存积在体内的宿便是很重要的。便在肠内存的时间越长，肠子的长度就会变得越长，失去弹性，之后就很难自主产生便意，直肠恢复弹性也需要花费很长的时间。

家长需要确认孩子至少每2天排便1次，如果超过3天没有排便，一定要重视起来，必要时需要接受医生的指导。另外，家长每天也要根据孩子排出的便的颜色、软硬等情况来调节其饮食结构。

家长可以跟孩子轻松愉快地讨论身体的正常代谢，不要闭口不谈排便，不要把排便当成很脏的事情，否则孩子即使有排便异常也不容易被发现。

用正确的方法告诉孩子，排出身体代谢物是好事，如果不排就是问题了。今天排的是“香蕉”样的，还是“稀”的？臭不臭？什么颜色？

教会孩子观察便的状态，了解身体情况也是一种有趣的交流。把排便当成很正常的一件事，孩子也就会轻松地向家长反馈情况了。

五、三岁之前培养孩子肠内菌群的原因

肠内菌群不仅有消化、吸收、免疫、解毒等功能，还会影响人的情绪、感情、思考过程。肠内菌群同时也影响着大脑的发育，它可以左右记忆和学习方面的大脑发育。

脑内神经传导物质主要是多巴胺和血清素，合成它们的前驱物质便是肠内菌群制造的。爱尔兰科克大学的J.Fkulian博士曾经发表过此类论文。

J.Fkulian博士在小白鼠实验中发现，幼时没有肠内菌群的小白鼠，成年后其中枢神经很多部位的血清素减少，特别是雄性小白鼠。而给幼时同样没有肠内菌群的小白鼠移植了肠内菌群以后，其血清素明显增加。

肠内细菌对脑的发育有重要的作用，特别是在婴幼儿期，重点培养孩子的肠内菌群结构，丰富肠内菌群的种类，对孩子一生都很重要。

孩子的肠内菌群从出生开始，从接触的外界事物和饮食中得到，慢慢在肠内形成自己的菌群结构，三岁时基本定型。

肠内菌群越丰富越好，其中有益菌多、有害菌少的结构是最理想的状态。

菌群越丰富，免疫力越好，越不容易得病。相反，肠内菌群少或者种类不够丰富，会导致人体免疫出现异常，容易肥胖、过敏、生病，生病了还不容易恢复健康，或者成年后患慢性疾病的概率偏高。

三岁前培养好孩子的肠内菌群结构，丰富菌群种类，就是为他打下健康的基础。

免疫力通过近身接触的环境里的微生物得到锻炼，也能通过与微生物共生得到强化。人体免疫力降低和出现异常，与现代生活中过度杀菌、过度干净的环境有关。

六、抗生素与药物耐药性

我们熟悉的感冒病毒一般是“鼻病毒”，科学家用了近三十年的研究才查出感冒病毒中含有最多的是“鼻病毒”。鼻病毒的结构非常简单，每个病毒只有10个基因（人类大概有2万个基因）。但即使是这么少的基因，也能组合出奇妙的遗传信息，帮助这些病毒骗过免疫系统，入侵我们的身体，继而无穷无尽地复制自己，去感染更多的宿主。

鼻病毒主要通过飞沫、气溶胶和接触进行传播。病毒会趁机跑到手上，通过手的接触蹭到门把手或其他碰过的地方。等其他人再碰到这些地方时，病毒就会趁机沾上他们的手，再通过鼻子进入其体内。鼻病毒能巧妙地入侵鼻腔、咽喉或肺部细胞。

鼻病毒是感冒和哮喘的罪魁祸首，是广泛存在的人类的老对手。感冒为什么很难受呢？其实，这不是鼻病毒让我们难受，而是我们自身的免疫细胞在感染处产生炎症反应，如嗓子痛、有痰、咳嗽、发烧等症状，这些其实是我们自身**免疫系统为了排出病毒做出的反应**。

嗓子痛、嗓子发炎是通知我们这里入侵了外来病毒，以提高身体其他免疫细胞的警惕，用“围栏”将病毒圈起来，不让病毒跑出可控范围。

咳嗽、流鼻涕是身体分泌黏液物质包裹外来入侵的病毒，并通过咳嗽、打喷嚏排出体外。

发烧是身体自己提高温度来杀死入侵病毒。

所以要想从感冒中恢复健康，我们不仅要等免疫系统帮我们把体内的病毒全部清除掉，还要等免疫系统自己平静下来。

在整个自然治疗过程中，身体自己设计治疗方案，自行实施。但在现实生活中，很多人害怕感冒，害怕咳嗽、发烧、流鼻涕，想用吃药打针的方法阻断身体的免疫反应。

很多孩子由于感冒而咳嗽，家长会让孩子服用止咳糖浆。但科学研究表明，这种做法不一定能让孩子更快好转。事实上，止咳糖浆还可能带来一系列并不经常发生，但却非常严重的副作用，比如痉挛、心悸，甚至死亡。美国食品药品监督管理局（FDA）警告，2岁以下的婴儿（这个群体正处于感冒最多发的年龄段）不应当服用止咳糖浆。

如果感染的是“鼻病毒”，则属于病毒感染，而抗生素只对细菌感染有用，对病毒却不起作用。有时候，医生开抗生素类药物，只是因为很难确定病人究竟是病毒感冒还是细菌感染。还有的时候是焦虑不已的病人希望医生能给开些药物。所以很多人在并不确定自己是不是病毒感染的时候就服用了抗生素。

抗生素的普遍使用，促使细菌在人体和环境中进化出越来越强的抗药性。很多时候我们使用抗生素非但没能治好感冒，还提高了感染其他疾病的风险。

抗生素对于一些细菌感染的治疗是必不可少的药物，但另一方面，本来用来治疗感染症的抗生素，会无差别地杀死细菌、免疫细胞和肠内有益菌，破坏了身体的免疫系统和肠内菌群的结构。目的是治疗一种疾病，但却使健康有了新的隐患。

轻易使用抗生素对肠内菌的结构有着直接的重创。抗生素会使对身体有益的肠内有益菌减少，也给有害菌和中性菌创造了繁殖空间。有害菌增殖，中性菌就会帮助有害菌释放有害毒素和致癌物质，肠内菌群的结构便成为不利于健康的状态。这种情况被称为“菌群交替症”。

免疫力降低的同时还会引发新的疾病感染的可能性。

很多人由于过量使用抗生素而出现严重的过敏症状，影响了呼吸系统和循环系统，以致引发更严重和更复杂的疾病，甚至一直无法恢复健康。

院内感染

最近我们经常听到医院内部出现“院内感染”的情况。“院内感染”是病原体通过患者、医护人员、医疗设备等传播感染症。

例如，在流感病毒流行期间，医院就诊的患者带入的流感病毒可能感染给住院的患者，从而导致严重的后果。**这跟抗生素使用后产生的耐药性有关**。

抗生素的使用→耐药菌的出现→新抗生素的开发→新耐药菌的出现。这种周而复始也是现代治疗传染病的现状。每次新的治疗药和疫苗被研制出来后，病原体又会巧妙地变异。

使用抗生素，最好是在医生的指导下尽量控制最小使用量，或者尽量避免使用。

有些治疗如果一定要使用抗生素，则要同时做好肠内菌群的保护，尽可能在不利的条件下努力增加肠内有益菌数量，保持其在肠内菌群结构中占优势的状态，防止药物副作用或者“菌群交替症”发生。

七、感染症

无法治愈的疾病不只是癌症和慢性疾病，近几年感染症又再次猛烈地袭来。

感染症是细菌、病毒、霉菌等病原体入侵人体所引起的疾病的总称。感染症一旦爆发，便会爆炸式传播，如历史上的黑死病、西班牙流感、结核病、埃博拉出血热、艾滋病等。

感染症患者表现出明显的肠道微生物紊乱，其特点是微生物多样性减少，微生物种类、功能和转录活性都发生了巨大改变。这种改变主要表现在患者肠道中的肠球菌等菌的相对丰度明显增加，而抗炎相关的粪杆菌、罗斯氏菌和梭菌属的相对丰度明显减少。**简单地说，就是有害菌增加，有益菌减少的混乱状态**。

免疫力低下者、患慢性病者、高龄者，他们本身的肠内菌群就处于紊乱状态，在发生突发情况时就更容易感染和重症化。日常重视、强化自身肠内菌群，不但能预防疾病，关键时刻也是身体最好的防护屏。

八、动脉硬化

“什么是动脉硬化？”我们每天饮食中摄入过多的油脂，血液中的胆固醇含量上升，形成了“高脂血症”。然而这个时候大家还不一定意识到问题的严重性。

高脂血症见于不同年龄及性别的人群，随年龄增加患病率也随之升高，发病高峰在50~69岁，50岁以前男性患者数量多于女性，50岁以后女性患者数量多于男性。某些家族性高脂血症还可见于婴幼儿。

“高脂血症”再发展下去，脂肪便会附着在血管壁上，血管壁老化变硬，这个状态就叫作“动脉硬化”。动脉硬化的发展过程是肉眼看不到的，也被叫作“沉默的疾病”，是一旦发病就很难治愈的可怕疾病。

心脏病和脑血管疾病的最大致病因就是动脉硬化，胆固醇和甘油三酯是引起动脉硬化的危险因子。有效降低人体内的胆固醇和甘油三酯含量，就可以解决几大慢性疾病中的大部分疾病了。

血管的阻塞是用任何药物都无法彻底清除的。现代治疗法只能解决一时的症状，即使能延缓疾病的发展，但长期积累的药物毒素会给身体其他脏器带来很大伤害。并且复发的可能性很高，或者与其他病症合并，以至于最终不得不进行手术治疗。

其实在动脉硬化患者中，一部分人的胆固醇和甘油三酯的数值并不高，这些人在医学上被称为“谜之动脉硬化”。

2011年美国杂志《Nature》在其发表的研究报告中证明了肠内菌群与“谜之动脉硬化”有直接的关系。**90%的慢性疾病也都跟肠内菌群有关**。

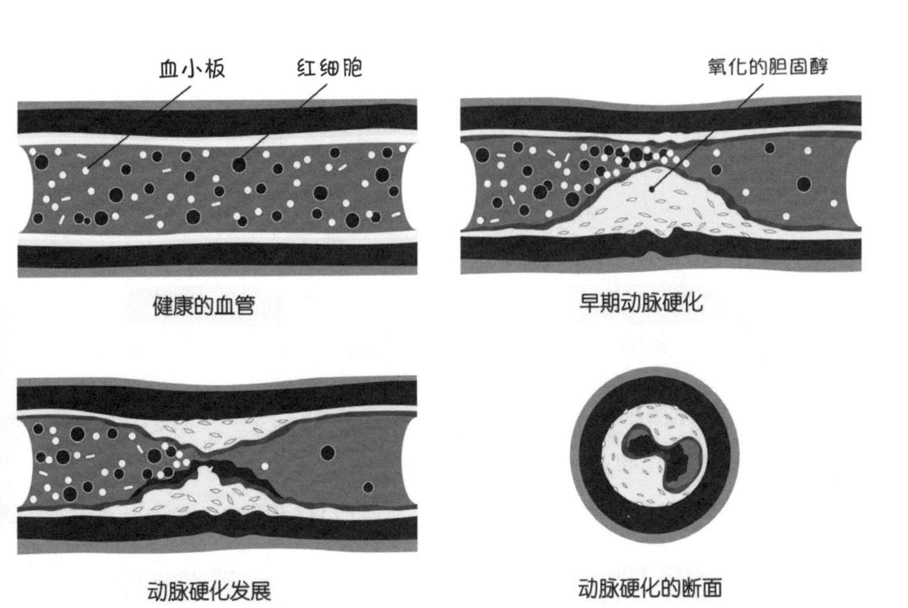

九、胆固醇和甘油三酯

低密度脂蛋白胆固醇（LDL）——有害胆固醇，主要在血管内合成，然后被血液输送到全身。如果其停留在血管壁，就会成为动脉硬化、心肌梗死、脑卒中的致病因。特别是长期吸烟者和糖尿病患者，吸烟者血液中的LDL会被酸化，而糖尿病患者血糖高，LDL会附着于糖，使之更易被酸化。

高密度脂蛋白胆固醇（HDL）——有益胆固醇，如果过多地被血液输送到全身，多余的便会存积在血管壁上，导致动脉硬化。为了防止血管壁存积过多的多余胆固醇，就需要HDL进行回收工作。

甘油三酯（TG）——身体的能量源，但是过高也会造成HDL减少，容易导致动脉硬化的发生。

多余脂肪堆积于血管的最终结果，就是引发脑卒中和心肌梗死。这些如今已经是最为普遍的现代疾病，其致病因大多是不良的生活和饮食习惯，因此从根本上改变这些不良习惯才是最好的调理方式。而肠内菌群活化免疫细胞能够代谢血液中多余的脂肪和毒素。

十、自测生活习惯

多　选

- ☐ 喜欢吃油炸食品
- ☐ 吃饭速度快
- ☐ 饮食不规律，暴饮暴食
- ☐ 偏胖
- ☐ 经常吃膨化食品和巧克力
- ☐ 吃很多水果
- ☐ 深夜吃夜宵
- ☐ 喝酒喝到烂醉
- ☐ 碳水化合物摄取过多（米、面等）
- ☐ 剩菜用微波炉加热吃
- ☐ 经常一不留神就吃多了
- ☐ 很少吃蔬菜和鱼
- ☐ 跟20岁的时候相比增重了10千克左右
- ☐ 经常喝饮料
- ☐ 经常吃快餐
- ☐ 经常吃过度加工的食品
- ☐ 怕浪费经常吃剩菜剩饭
- ☐ 一边看电视或手机一边吃饭
- ☐ 餐后2～3小时又饿了
- ☐ 压力大的时候暴饮暴食
- ☐ 深夜喝酒
- ☐ 没有称体重的习惯
- ☐ 经常觉得不吃也会发胖
- ☐ 一天吸烟10支以上
- ☐ 没有运动的习惯
- ☐ 总是不爬楼梯坐电梯

0~5个

现状保持

平时的健康意识很强，注意保持良好的生活习惯。血管状态很好，年轻有活力，保持这个状态不改变的话，到了老年也会平稳地保持健康状态。

6~10个

没有大问题，但不要疏忽

甘油三酯和胆固醇数值不会有大幅度变动，不用太担心现状。但是如果生活节奏有变化可能会引起二者上升，维持现状多加改善为好。

11~15个

需要调整生活习惯和节奏

要调整目前的生活习惯，改变不健康的生活方式。不好的习惯会导致血液黏稠，这也是致病的原因。

16~20个

杜绝不良习惯

你是不是有暴饮暴食吃满腹的习惯呢？基本不太运动吧？你身体中的甘油三酯和胆固醇一直处于持续增加的状态，必须改正不良的生活习惯。建议定期检查血液指标，预防是关键。

21~26个

马上！必须！改变生活习惯

虽然没有感觉到有什么症状，但是你的血液可能已经处于黏稠状态，也许会有胸闷晕倒发生。请尽早检查，调整生活节奏，开始运动起来，彻底改善生活习惯和饮食习惯。

第六章

CHAPTER 6

人体的免疫

Intestinal
FLORA
and
IMMUNITY

一、预防疾病的关键是“免疫”

前面我们提到过消化器官的功能和重要性。消化器官从我们出生到死亡，即使是在睡觉的时候，它们都在无休止地工作着。

大家已经知道了小肠和大肠负责吸收水分和营养素，并将毒素排出体外，其实它们还有一个非常重要的职责：**小肠和大肠也承担着防止我们生病的“免疫系统”的工作。这也是为什么肠是如此重要的另一个原因**。

我们的身体表面由皮肤覆盖，与外界（空气）进行接触。大家可能想不到，口、咽喉、食管、胃、肠等身体内部的器官也会直接跟外界接触。

消化道就像一条贯通人体的管道，表面覆盖着的黏膜虽然在体内，却与外界直接相连。鼻、口、消化道的黏膜都会直接接触到各种各样的外界的病毒、细菌和有害化学物质。

人体的皮肤就像坚固的城墙一样保护着我们，防止病原体进入体内。可是，消化器官的表面黏膜就没有那么强大的防护功能了。**特别是肠，作为身体吸收食物中的水分和营养素的器官，其黏膜细胞层是非常薄而细腻的。小肠黏膜的消化吸收面积可达两百平方米，这个面积是成年人皮肤表面面积的一百多倍。**

我们每天吃的食物中，会混入空气和大量的病原体，细菌和化学物质也一起进入消化器官。消化器官的黏膜表面是最容易被入侵的部位，所以对于我们来说，消化器官的黏膜也时刻处于危险之中。

大家想象一下，在拥挤的公交车里，有的人感冒了，会打喷嚏、咳嗽，病毒在密闭空间内被大量释放出来。只要人们在同一场所之中呼吸，就很可能把病毒吸入自己的身体里。而进入身体的不仅有病原体，还有花粉、尘螨的尸骸、汽车尾气、建筑材料释放出来的化学物质，以及其他有毒有害物质。

这些都有可能通过我们的呼吸进入体内，从而引发花粉过敏症、过敏性皮肤病、过敏性哮喘、支气管炎等疾病，其实一些严重的过敏疾病都跟这些有毒物质有关。

很可惜，在我们生活的世界中，这些毒素我们是很难完全避免的。我们身体中的肠一直与外界连接，不断受到外界病原体的攻击，有害化学物质也不断侵入。可是我们并没有经常生病，这是为什么呢？原因就在于我们的“免疫系统”无时无刻不在保护着我们。

二、人体的免疫系统

“免疫”是我们与生俱来的对抗外界病原体的攻击，让身体不得病的生物防御系统。如果没有“免疫”，病原体会直接进入体内，细菌也会肆意繁殖甚至夺走人类的生命。

可以说生物进化的历史，就是生物防御系统——“免疫系统”进化的历史。人类在繁衍生息的过程中，一直在严酷的自然环境和危险外敌中保全自己。

为了对抗病原体，人类的免疫系统会巧妙地制造出抗体。

如麻疹、水痘、腮腺炎等疾病，大多数人患病之后就不会再患同样的病，而患过一种类型的流感以后，相同的流感就有可能不会再发病。

人们常说这是“身体有了抗体”，其实从专业的角度进行解释，是患过一种疾病，身体便会记忆这个病原体，下一次再遇到的时候，身体会立即构筑起强有力的防御系统。这也是“免疫系统”的一个特征，叫作“免疫记忆”。

人体免疫系统分为两个。

一个是对抗从口、肠黏膜入侵身体的病原体（主要指进入血管内）的免疫系统，被称为**“全身免疫”**。

另一个是通过黏膜网络，阻止试图从消化器官黏膜入侵身体的病原体的防御系统，占全身免疫功能的70%~80%，叫作**“黏膜免疫”**。

“黏膜免疫”是人体最大的免疫系统，主要集中在小肠和大肠，也被叫作“肠道免疫”。

这也是肠为什么与这么多疾病有关的原因——肠控制身体最大的免疫系统，人类身体大部分问题都与肠道免疫密切相关。

三、自然免疫和获得免疫

肠道免疫系统有多重坚固的防御，能够阻挡无数的病毒、细菌、有毒化学物质入侵人体。从免疫系统的主要作用上，我们给它分为“全身免疫”和“肠道免疫”（黏膜免疫）。换一个角度看，免疫系统从功能上分为“自然免疫”和“获得免疫”。

“自然免疫”是指每个人从出生就带有的先天免疫能力；“获得免疫”是指免疫系统在与病原体的战斗中获得的后天免疫能力。

自然免疫

“自然免疫”是身体免疫系统第一阶段的物理防御，比如人体第一道防线——皮肤。之前我们讲到的体内黏膜表面分泌的黏液能粘住和包裹病原体，以此来防止病原体入侵，这就是身体的“自然免疫”。

小肠和大肠的黏膜也会流出用来粘住“病原体”的肠

液，这也是身体的“自然免疫”。

没有咀嚼好的食物有可能进入到肠内，肠液包裹住大块食物的棱角，以免伤到肠内黏膜。

肠液的另外一个作用是在肠蠕动过程中，食物残渣能够顺利地被一点点推向直肠，加强肛门排便时的润滑功能。这些都是“自然免疫”。

支气管也一样，就像肠分泌肠液，支气管内分泌的黏液包裹、阻隔病原体的入侵。对于病原体来说，就如逆水行舟一样，很难在支气管内附着和前进。

入侵到小肠的病原体，会连同小肠黏液一起被送到大肠。大肠强力地蠕动运动，会在一定时间内通过排便把病原体排出体外。

当有害物质和病原体进入肠道的时候，肠内黏膜细胞便会感知到，并发出危险信号。**肠内会分泌出大量的肠液，以最快的速度把有害物质和病原体排出体外，这就是我们所说的“腹泻”**。所以，腹泻是一种身体保护、防御的反应，有的时候并不是坏事。

我们每个人从出生起，体内就存在着生物防御系统。比如我们受伤了，伤口处一旦有病原体入侵，身体中的一种叫作“巨噬细胞”的颗粒球状免疫细胞，就会大量聚集在伤口处吞噬病原体。

“巨噬细胞”不仅可以吞噬病原体，还能吞噬有害化学物质、细小的沙粒，以及我们自身代谢掉的细胞尸骸等，只要被身体判断为是异物的，都会被“巨噬细胞”吞噬、消灭掉。这样的能力是我们人类与生俱来的自然免疫能力。

“自然免疫”不是对特定的病原体、有害化学物质和细菌等的防御，它不分外敌的种类与性质，是人类与生俱来的最单纯、原始的物理防御系统。

如北极熊为了御寒，身上长满了长毛，青蛙和变色龙为了隐藏自己不被天敌发现，可以根据周围的颜色变换自身颜色。这种与生俱来的能力，也是自然免疫的一种。

获得免疫

“获得免疫”是在病原体入侵的时候，身体能够正确识别病原体的性质与特征，迅速做出相应的防御反应的行为，是非常精密的免疫系统。

“获得免疫”在医学上被叫作“特定异物反应”免疫系统。而“自然免疫”被叫作“非特定异物反应”免疫系统。

“获得免疫”是人类生存繁衍过程中进化出来的免疫系统，是非常精密地进行着的化学反应。

免疫系统

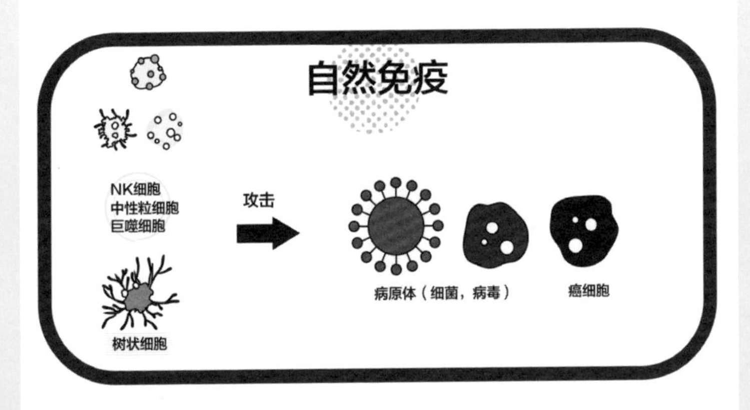
自然免疫
NK细胞
中性粒细胞
巨噬细胞
攻击
树状细胞
病原体（细菌，病毒）
癌细胞

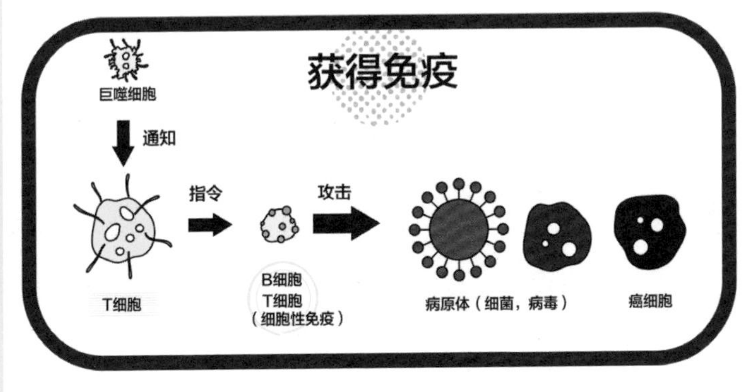
获得免疫
巨噬细胞
通知
指令
攻击
T细胞
B细胞
T细胞
（细胞性免疫）
病原体（细菌，病毒）
癌细胞

四、全身免疫

我们身体表面覆盖的皮肤是防御自然界各种病原体入侵身体的第一道防线。皮肤有一定的自保能力，在一定程度上不会轻易受到损伤，但如果是重重地摔倒或者被尖锐的东西划过，皮肤就会受到损伤，这便是我们说的“受伤”。

伤口先是会出血，过一会儿血便慢慢凝固，再过一段时间会结痂。皮肤作为身体的第一道防线，先用血液把伤口封住，防止病原体从伤口进入身体，这个反应就是“全身免疫”。

如果血液封住伤口的应急措施来不及实施，则土壤和大气中的病原体就会从伤口入侵到体内。例如，破伤风就是破伤风菌从伤口进入人的体内，随着血液循环蔓延到全身，严重时甚至致命。

对于阻止通过伤口入侵体内的病毒，身体还有第二道强力的防御系统，就是“白细胞”。

白细胞也叫“免疫细胞”，在免疫系统中起主要作用，它在人体中无处不在。只在血液中作用的免疫细胞被统称为“白细胞”，还有作用于身体其他部位的免疫细胞，如在淋巴管、鼻、咽喉、支气管、肠等部位的黏膜上就有各种各样的免疫细胞。

其中，在小肠和大肠中的免疫细胞比在血液中的数量更庞大。肠道免疫细胞时刻守护在肠黏膜处防御外来入侵的病原体进入体内，是身体强有力的免疫系统防线。

全身免疫和肠道免疫两个免疫系统互相协助，支撑着全身的免疫系统。病原体不仅会从伤口部位入侵，也会在我们呼吸、饮食的时候从口、鼻、消化器官等处入侵体内。

消化器官从口到肛门作为一个通道，虽然是在身体内部，却一直与外界相连接。小肠和大肠内的黏膜细胞是用来吸收食物的水分和营养素的，其实非常薄，也很脆弱。外界进入的病原体和毒素非常容易从肠黏膜处入侵人体，这也是为什么很多身体疾病都与肠息息相关的原因。

口——唾液和扁桃体的强力化学防御

虽然病原体会随着食物进入口腔，但是人在咀嚼食物的时候会分泌出有杀菌作用的酶，并且口腔内部两侧的淋巴组织、咽喉上部的咽头扁桃、跟耳朵连接的耳管扁桃、舌扁桃、口盖扁桃等很多淋巴组织包围在咽喉周围，它们共同防御外敌病原体的入侵。

记得我小的时候一感冒就会扁桃体发炎、肿大，严重时还会发烧，这说明淋巴细胞正在与感冒病毒打仗。那时候有医生就说：“扁桃体肥大，这样就很容易感冒，可以考虑切除扁桃体。”当时我妈妈坚持说：“身体生来就带的扁桃体，一定有它存在的意义，不能随意切除掉。”正是因为妈妈的坚持，才保全了我完整的免疫系统。

扁桃体是身体免疫系统的一个重要组成部分，正是因为它在顽强地与进入口腔的病原体打仗，才会导致自身肿大，人才会发烧。切掉了扁桃体就没有了这道防御病毒的门槛，病原体就可以大摇大摆地从咽喉进入身体了。轻易切掉自己免疫系统的一部分，之后带来的问题也会很严重。

支气管——黏膜中的淋巴球和痰排出外敌

如果口腔内的防御系统被突破，病原体就会进入到支气管。支气管中的“绒毛”就像小刷子一样，遇到粉尘、异物、病原体进入时，就把外来异物与黏液一起排出体外，这就是我们所说的“吐痰”。不能完全被痰带出来的病原体会被集结在黏膜上的淋巴细胞攻击并杀死。

身体是不是很聪明？虽然很多时候我们不懂得它的反应。

胃——强力的胃酸杀菌作用

一旦病原体突破了口腔和支气管的免疫防御，会直接到达胃部。胃也具有强力的免疫防御能力，其最强大的武器就是能分泌强酸消化液，把食物消化成泥状。

大部分进入到胃的病原体会被胃酸杀死（20世纪80年代初，科学家发现了一种胃酸也无法杀死的菌，它还会住在胃里，是导致胃癌和胃溃疡的致病因，它就是幽门螺旋杆菌）。当人吃了变质的食物或者食物中毒时，病原体就会随着食物进入到胃，此外过度饮酒也会使胃的内部发生异变。

胃神经向脑传达信息："发现异物，应该排出体外。"脑接收到胃的信息，发出指令，紧急情况下会使胃部肌肉痉挛，引起呕吐来排出对身体有害的物质。

这也是胃能做到的又一道免疫防线。但有时也会有胃酸无法杀死，呕吐也没有排出身体的病原体存留，之后它们就会进入到肠。

小肠、大肠——了不起的肠道免疫

突破了胃的强力免疫防御的病原体会到达肠。肠黏膜上覆盖着非常细腻的黏膜细胞，病原体很容易通过黏膜入侵我们的身体内部。但是，肠有人体最强大、最精锐的免疫防御系统。

肠道拥有人体免疫细胞总数的70%~80%，构筑了多层坚固的防线，守护我们不受外来病原体和有毒化学物质的入侵，是人体最强的防御器官。

五、肠道免疫

接上文所说，如果病原体成功突破了肠液的物理防御（自然免疫），就会到达黏膜细胞表面。然而，它们会在这里遭遇到人体最强大的免疫系统的围剿。

小肠和大肠的黏膜细胞聚集了“巨噬细胞”和“颗粒球”，淋巴细胞的“T细胞”“B细胞”“自然杀伤细胞”等数量众多的强力免疫细胞能够全力击退企图进入身体的各种各样的病原体和有毒物质。

首先从小肠说起。

当病原体或有毒物质突破了黏液防御，为了防止它们继续进入体内，小肠上布满的密集绒毛中会空出一块缺口一样的“空地”，配置光滑的表面。这个就是派尔集合淋巴结（Peyer patch，是由一位叫Peyer的科学家发现，因此命名。绒毛中空出的一块光滑的“空地”在肉眼看来像一块“斑”，所以后来就被称为“Peyer斑”），这是小肠内特殊的免疫组织。

近年来的研究表明，小肠上面的这种Peyer斑是肠道免

疫的根基，也是人体最强大的免疫组织。每一块“斑”上都聚集着所有种类的免疫细胞，它们一直监视着试图进入身体的病原体、细菌和化学毒素，并把它们排出体外。

小肠Peyer斑是怎样击退病原体和毒素的呢？这里向大家详细说明一下。（花点时间读懂这部分，就能知道身体免疫系统的精锐与严密了）

“巨噬细胞”不识别“病原体S”，只是把它辨认为外来入侵的“异物”并做出反应——吞噬病原体S的一部分，消化分解，排出体外。

Peyer斑的内部有免疫细胞的精锐部队——淋巴细胞中的一种“T细胞”。无数的T细胞对“巨噬细胞”排出的物质产生反应，开始靠近并聚集过来。

简单说，就是吞噬了病原体S的“巨噬细胞”对Peyer斑内部无数的T细胞释放出通知信号，好像在说：“有异物入侵，不管三七二十一先处理了一部分，其他的工作交给T细胞，可以进一步详细分析、调查这个入侵者。”

T细胞很厉害，它会分析出病原体的特征、性质，通过分析出的结果对特定的病原体制定特定的解决方法。

例如对于病原体S，有针对它的T细胞S；对于另外的病原体Y，也有T细胞Y来解决问题。

入侵人体的病原体不是只有简单的几十种，自然界存在的病原体有数千万种。在进化过程中，这些病原体为了存活，自身会发生变异并不断进化，它们甚至可以在短时间内"更新换代"。

为了对抗新的病原体，我们身体的免疫系统也有巧妙的基因重组机制，可以预先在身体内创造出数千万不同类型的淋巴细胞。（日本科学家利根川进解释了一直以来被认为是个谜的免疫机制，他也因此在1987年获得诺贝尔生理学或医学奖）

小肠免疫系统中的T细胞会通过"巨噬细胞"排出的物质来识别病毒的特征、弱点，以及能释放出什么病毒等。识别以后，T细胞会向同样是淋巴细胞的B细胞发出指令："病原体S入侵体内，请生产出对抗它的抗体S，进行攻击！"

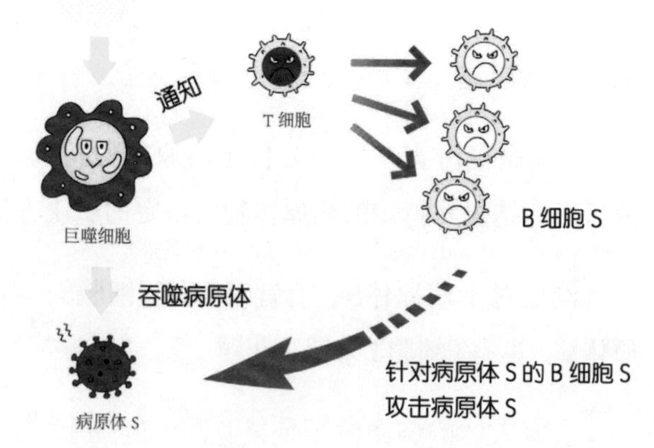

自然界中有数千万种病原体，我们人体亦有数千万种淋巴细胞的存在。比如上面说的病原体S，就会有对应它的B细胞S。但专门为病原体S制造出来的抗体S，对其他种类的病原体却没有效果。

抗体不会直接杀死病原体。抗体首先会消除病原体所带有的强力毒素，在保护身体不受影响的前提下，给病原体打上记号，目的是不管它们走到哪里都会被身体其他免疫细胞马上识别出是敌人，这样免疫细胞就会攻击并吞噬杀死病原体。（免疫细胞除了在肠内聚集，在血液中也有很多）

被抗体消除毒素的病原体，是巨噬细胞、颗粒球等免疫细胞的绝好食物，被免疫细胞处理后的代谢物会随着我们的粪便排出体外。免疫系统对有毒化学物质的处理也是一样的：识别后产生相对的抗体，抗体使有毒物质无毒化后被巨噬细胞和颗粒球吞噬，最后的代谢物随粪便一起排出体外。

免疫细胞的样子

树状细胞

巨噬细胞

B 细胞

颗粒球

NKT 细胞
自然杀伤 T 细胞

NK 细胞
自然杀伤细胞

六、免疫记忆

免疫系统最为卓越的能力是它“很记仇”：打过一次交道，这辈子都不会忘记，医学上将之称为“免疫记忆”。这也是我们经常说的，“有了免疫”便“有了抗体”。

我们从小就会注射很多疫苗，其实这就是应用了免疫记忆的原理，用特定的无毒性的病原体，或者对身体基本没有伤害的微弱病原体制成疫苗，再注射到体内。

也有一些口服疫苗，是把微弱的病原体培养液通过消化道送到小肠，引发肠道免疫系统的反应，让身体识别并记忆，以后再遇到这个病原体时，身体就能及时做出相应的防御措施，为免疫系统提前做好战斗准备。

七、免疫系统的“作战程序”

进入小肠的“病原体S”，让小肠Peyer斑做出了与之相抗衡的B细胞S。这个B细胞S不仅作用在肠内，它还通过小肠内的毛细血管和毛细淋巴管被输送到全身。

血液中有白细胞守护，但是它们并不知道肠内进入了“病原体S”。通过小肠毛细血管和毛细淋巴管送往全身的B细胞S会通知血液中的白细胞，病原体S进入的危险信息。这样，即使病原体S进入血液，血液中的白细胞也可以及时做出相应的攻击和防御。

B细胞S进入小肠淋巴管时会通过淋巴结，而在淋巴结处有很多淋巴细胞，B细胞S能通知其所到之处的所有免疫细胞，最终回到原点——小肠。

淋巴结接收到病原体S的入侵信息后，B细胞通过淋巴管直接到扁桃体和支气管的黏膜处进行备战。此时，B细胞已经做出了使病原体S无毒化的抗体S，能对进入扁桃体的病原体S在最初阶段进行有效攻击。身体的“作战程序”是先启动肠道免疫，然后调动全身免疫，最终共同完成病毒防御的过程。

八、肠道免疫与全身免疫的关系

再简单总结一下免疫活动的过程：

首先病原体S随着食物和呼吸从口进入身体，然后突破口腔、咽喉、胃的免疫系统，最后进入小肠。

启动肠道免疫，小肠Peyer斑内的免疫细胞集团（M细胞、巨噬细胞、颗粒球、T细胞、B细胞）与之对抗，在肠内击退病原体S，免疫系统记忆病原体S信息。

小肠的B细胞通过血管和淋巴管向全身免疫细胞通知有病原体入侵的危险信号（这部分是肠道免疫系统）。

调动全身免疫系统，病原体S的信息传遍全身免疫细胞，免疫细胞针对病原体进行备战（血管、淋巴管、黏膜、细胞）。

综上所述，对于特定的病原体，是肠道免疫调动全身免疫的生物防御。但是很不可思议的是，如果病原体S不是进入小肠，而是从伤口处进入血液的话，关于这个病原体S的信息就只有血液中的免疫细胞知道，并没有传达给小肠和其他黏膜部分的免疫细胞。

也就是说，肠道免疫可以调动全身免疫，但是全身免疫不能带动肠道免疫。肠道免疫能日常戒备外界异物（病原体、有害化学物质等），防止其入侵身体，同时活化全身免疫系统。我们面对着大自然中的数千万种病原体和各种各样的有毒物质，保护我们的是“肠道免疫”这个了不起的免疫系统。

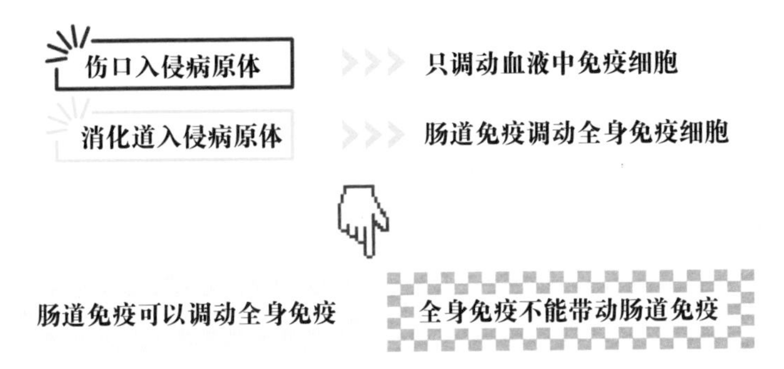

九、自主神经系统

全身免疫系统和肠道免疫系统时时刻刻保护着我们的健康和生命。另外还有一个巨大的系统也深深影响着我们的全身免疫，它就是“自主神经系统”。在日本被叫作“自律神经系统”。就像文字表述的一样，“自律”就是自主，自己管理自己，自己控制自己的系统。

我们可以按照自己的意识控制口、嘴、手、脚，这是脑发出的指令。然而，心脏、胃、肠、肾脏、肝脏等的活动，是不受大脑控制的，这也被称为“体内平衡”，是人体另一个重要的系统。

这个系统不管身体内部、外部的环境怎样变化，都会保持一定的状态，维持我们的健康和生命。身体的各项机能在被打破平衡的时候，这个自主神经系统就有把身体调整为正常健康状态的能力。

比如：在炎热的夏天，或者在寒冷的冬天，我们的体温会一直保持在35~37℃。特别热的时候我们会通过排汗降低身体温度，这就是“体内平衡”在进行调节。

在寒冷的时候我们会不受控制地打哆嗦，这也是“体内平衡”让身体通过哆嗦、颤抖这样的运动提高身体体温的一个自然表现。

这样的“体内平衡”系统，在我们无意识的时候也在时刻工作着，即使我们睡着了，它也会一直监控着身体内部各脏器的状态，来维持我们的健康和生命。

自主神经系统是否正常工作，很大程度上左右着我们的健康状态。

十、交感神经和副交感神经

自主神经系统分为“交感神经”和“副交感神经”，这两种正好相反的神经系统只有保持平衡的状态，才能维持身体机能的正常运转。

交感神经主要在白天工作，支配心脏和身体的活动。

比如：在激烈的体育运动的时候，在集中注意力工作的时候，身心都处于兴奋和紧张状态的时候，交感神经占主导。此时，交感神经使血管收缩，血压上升，心跳加快，胃肠蠕动较少。身体可以说是进入了“战斗模式”。

副交感神经主要在日落以后，工作结束、身心平和的时候占主导。

比如：晚上在家里放松地听着喜欢的音乐，泡泡热水澡，缓缓入眠等。肉体和精神都很放松的时候，副交感神经开始工作了。也可以说是从“战斗模式”转为“休息模式”。副交感神经使血管扩张，血压降低，心跳变慢，胃肠开始活跃起来。

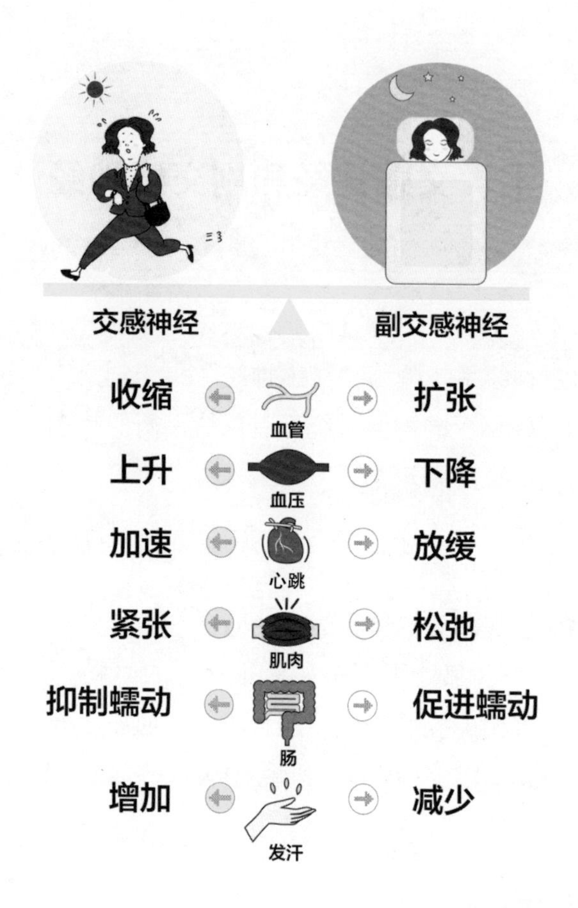

全身的血管和淋巴管上有无数的免疫细胞（统称白细胞）在活动着。巨噬细胞、颗粒球、淋巴细胞（T细胞、B细胞、杀伤性T细胞、自然杀伤细胞等），它们在人体内的比例大概是：巨噬细胞5%，颗粒球60%，淋巴球35%。

研究人员发现，“战斗模式”时交感神经占主导作用，此时颗粒球的数量会增加，淋巴细胞的数量会减少。

相反，“休息模式”时副交感神经占主导作用，此时颗粒球的数量会减少，淋巴细胞的数量会明显增多。

颗粒球是在人受伤的时候，吞噬入侵到血管内比较大的细菌的免疫细胞。**就是说，受伤的时候全身免疫启动，白细胞中的颗粒球数量迅速增加**。

可是在没有受伤的时候，颗粒球的数量也会异常增多，这是交感神经异常活跃的表现，这种情况通常是在人承受强大的压力和精神紧张的情况下出现。

颗粒球会产生大量的活性氧来杀死细菌。颗粒球产生的对伤口有消毒杀菌作用的液体，就像创伤时使用的“过氧化氢溶液”。

例如，很多人在高强度的工作压力和生活压力下，处在非常烦恼和紧张状态时，会突然胃痛，然后慢慢演变成慢性胃炎或胃溃疡。

这是交感神经极端活跃，在血液中持续增加颗粒球的结果导致的。

人处于紧张状态或在高压力下时颗粒球增加，本来应该对抗病原体的颗粒球，因为此时没有病原体，所以它就会用产生的活性氧攻击自己。

身体首先受到攻击的是最细腻的黏膜系统，会引起黏膜炎症。因此，胃溃疡、十二指肠溃疡、溃疡性结直肠炎等疾病就发生了。颗粒球继续攻击自身细胞的时候，癌细胞突发异变的概率增加，提高了各种癌症的发病率。

淋巴细胞有击退外敌的能力，它比颗粒球更强力、更精密，会处理颗粒球杀不死的细菌和比细菌更小的病毒，淋巴细胞能不能保持正常状态关乎免疫力的强弱。

前面说到的，交感神经占主导的时候，淋巴球的数量会减少。淋巴球的减少会使人的免疫力降低，容易感冒或者受到病原体感染。

另一方面，“休息模式”的副交感神经如果持续处于主导时，血液中的淋巴细胞数量异常增加。大家可能会错认为“淋巴细胞数量增加，免疫力是不是就会提高？”实际上这样会造成免疫异常。

本来淋巴细胞能够防御外来的无数外敌和异物的入侵（不仅包含病原体，还包括食物中混入的花粉），这些对

身体来说是异物。

但是如果淋巴球的数量短期内增加过多，对外敌异物便会产生过度反应，会将本来无害的花粉或者一些食物误认为是“外敌”或“异物”进行攻击，这就是“免疫系统异常”。

这个结果容易引起花粉过敏、皮肤过敏、过敏性哮喘、食物过敏等各种各样的过敏反应，严重的甚至会出现把自身细胞视为外敌，攻击自身细胞。如克罗恩病、溃疡性结直肠炎、风湿性关节炎、胶原病等，都被称为“自身免疫疾病”，还会引起很多顽固性疑难杂症，甚至有可能危及生命。

提高免疫力的关键，是保持颗粒球和淋巴细胞的平衡的比例，也就是保持交感神经和副交感神经的平衡。

所以我们日出而作，日入而息，早睡早起，用脑的工作白天做，晚上尽量放松休息。尽量避免太晚用餐，保证充足的睡眠时间，保证睡眠质量。总之，要按照自然的规律，按照自然的节奏生活和工作。

十一、大肠内的免疫系统

盲肠是大肠的一部分，小肠最后的部位是回肠，盲肠就在回肠的末端，是大肠的起点，下面有一个系在一起的袋子，这个口袋有个下垂的带子，这就是我们熟悉的“阑尾”。阑尾也像扁桃体似的，被很多人认为是身体可有可无的部分。

实际上，阑尾、扁桃体与Peyer斑一样，上面有丰富的淋巴组织，是身体重要的免疫组织，也是保护身体不被病原体入侵的不可缺少的器官。

盲肠周围聚集着无数的淋巴球，严密地检查并防御从小肠进入大肠的食物残渣中有没有带有病原体，它与扁桃体一样，检查并防御从口腔进入身体的病原体。

从小肠进入大肠的食物残渣，首先会存放在阑尾。从阑尾到大肠，住着100万亿个肠内菌群，在肠内菌群结构平衡的情况下，阑尾中的有益菌会分解、发酵在小肠内没有完全消化的食物，特别是膳食纤维，将其发酵成大肠容易吸收的状态，再送入大肠。阑尾也是重要的消化器官之一。

在食物分解、发酵的过程中，肠内有害菌也会借此产生大量有害物质。

盲肠、阑尾处聚集着非常多的淋巴细胞。淋巴细胞努力地把有害物质无毒化，可是如果肠内菌群的结构紊乱，有害菌比有益菌多的时候，阑尾在分解、发酵食物残渣时，就会产生过多的有害物质。

肠内有益菌和淋巴细胞来不及处理这些大量的有害物质，最坏的情况是如果有便秘发生，这时候阑尾中的食物残渣没办法往下一站（升结肠）前进，这里就会成为病原体和腐败食物发酵繁殖的最好地方。这些有害物质使阑尾产生炎症，是“阑尾炎”发病的原因之一。

如果说“扁桃体”是免疫系统检测异物入侵的前锋军，那么“阑尾”就是后卫军。

肠内菌群的消化作用对身体的免疫系统有着重要的意义，肠内菌群的比例在所有关乎健康的层面上同样起着关键性的作用。

前面我们已经讲了小肠和大肠对身体的重要性，再简单总结一下小肠和大肠的作用：1.吸收维持生命所必需的营养素和水分；2.预防疾病，是人体最大的免疫器官。

特别是大肠具备的强大免疫系统，主要由肠内菌群负责。肠内菌群形成的肠内环境与我们的健康息息相关。

十二、食物和肠内菌群为什么不是“异物”

看到这里，大家可能会有一个疑问：

我们为了摄取维持生命的营养素，每天都需要吃饭，但食物也像病原体一样，是本来不属于身体的外来“异物”。那么，为什么我们每天吃进去的食物不被身体视为外来“异物”做出免疫反应，还通过胃肠消化系统来消化、分解、吸收到体内呢？

前面我们讲过“肠道免疫”可以判断食物是无害、安全的，就不会做出攻击和排除的免疫反应。肠道免疫系统会把从口进入的食物视为身体不可缺少的东西，因此不会做出异物反应，这个情况叫作“经口免疫宽容”。

即使有异物从口腔跟随食物混入体内，入口处也首先表现出宽容放行的态度。

肠内菌群中的有益菌是制造维生素和刺激免疫细胞、提高免疫力的重要存在。

从口腔进入的食物被身体免疫判断为是对身体安全的、有益的存在，所以没有产生免疫攻击和排斥。

其实，目前还有很多不明了的地方，但是有一点可以确定：**如果没有肠内菌群，肠道免疫系统是无法独立发挥机体免疫功能的**。

肠道免疫系统将病原体、有毒化学物质，以及体内产生的致癌物质、异常细胞等视为“有害的”“危险的”，便会用各种手段彻底攻击，将之排除。

肠道免疫能对“安全，对身体有益的”和“危险，对身体有害的”做出合理判断，是一种很不可思议的能力。

第七章

CHAPTER 7

原因免疫的破坏

Intestinal
FLORA
and
IMMUNITY

一、随着年龄变化而变化的肠内环境

二、有害菌增加是一种身体老化现象

三、自测肠年龄

四、破坏免疫平衡的五大原因

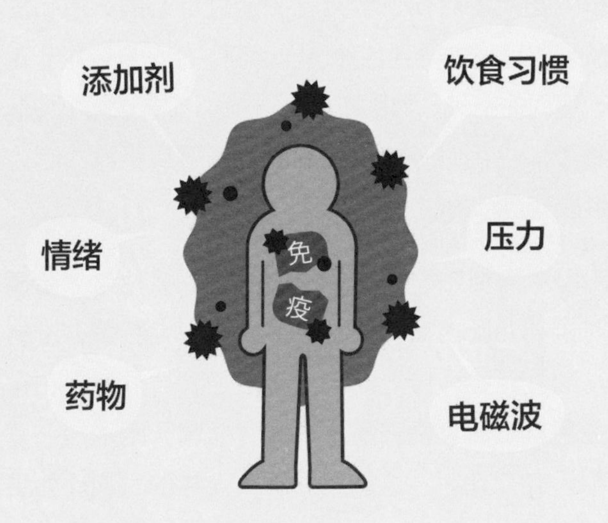

一、随着年龄变化而变化的肠内环境

之前我们讲过肠内菌群大致分为有益菌、有害菌和中性菌三大类。人的身心健康、寿命等都与肠内菌群的比例关系密切。从婴儿成长到成人，再到老年，人的年龄一年一年增长，与此相关的是，肠内环境也有“肠年龄”。身体实际年龄和肠年龄是两个概念，肠年龄在一定程度上决定着人的健康程度。

婴儿在出生之前是处于无菌状态的，婴儿的肠内没有肠内菌群。出生的时候，婴儿首先通过母亲的产道和皮肤接触，从周边环境中得到各种各样的菌。比如医院护士的手部接触、房间的空气、周围人的接触等，都会增加婴儿肠内菌群的种类。出生时开始积累的肠内菌群，会住在婴儿的肠内，形成其自己的肠内菌群。

刚出生的婴儿会排出墨绿色的便，被称为“胎便”。这个时候婴儿肠内存积的是有害菌或者大肠菌，没有有益菌。从哺乳开始，母乳或者奶粉中含有“乳糖”，这是肠内有益菌珍贵的食物，婴儿肠内有益菌开始增加。婴儿的营养源只有“乳”，这是有益菌占优势的时期。如果这些有益菌固定存在于肠内是最好的，但是实际上到了离乳期，婴儿开始增加辅食，饮食结构发生了改变，肠内菌群的结构也会发生很大变化。

从哺乳期到离乳期的过渡时期，婴儿容易出现皮炎。**一般到两岁左右为止，如果这个时期没有出现皮炎，以后就不容易出现皮肤问题**。

这一时期，家长主要是留意不要让孩子肠内菌群中有害菌过多增加。特别是出生后6个月内，婴儿的肠内有益菌占优势。而一些孩子从母体继承来的有害菌是诱发其过敏性皮肤病的致病因之一。实际上，母亲在孩子出生之前就重视肠内菌群结构的培养的话，一直到孩子长到6个月，这是第一个重要的时期，可以大大降低孩子出现过敏性皮肤病的可能，也为孩子未来的身心健康奠定基础。

二、有害菌增加是一种身体老化现象

添加辅食以后，孩子会品尝各种各样食物的味道，肠内菌群的种类也会飞跃式增加。每个人的饮食习惯决定了其独特的肠内菌群结构，世界上没有两个人的肠内菌群结构是完全相同的。

按照肠内菌群的黄金比例来说，有益菌多并且占主导优势是最理想的状态，但是在肠内也住着有害菌和中性菌。自然界不可能是无菌状态，也不能保证人类接触到的都是好的菌，所以尽可能地在给婴儿添加辅食的时候，留意肠内菌群的培养。

添加辅食的目的是让孩子品尝各种食物的味道，适应食物，认识食物。尽量不要品种太单一或者偏食，以免以后孩子出现挑食、不爱吃饭的情况。这个时期如果肠内有害菌大量增加的话，将来得疾病的风险也会增高。

人们随着年龄的增长，有益菌会减少，有害菌会增加，从一定程度上来说，这也是一种人体的老化现象。年龄增长，肠的蠕动功能降低，各种各样的分泌物发生变化，肠内有害菌会趁机繁殖，产生腐败气体和毒素，这些毒素会被身体再次吸收，恶性循环使肠功能减弱。

老年人排便往往臭味很大，排便很细，便后有没排干净的残存感，如果出现这样的情况，一定要注意这是肠老化的现象。跟年龄大了会老花眼，会耳背一样，虽然我们并不愿意这种情况发生，但这是难以避免的自然衰老现象。

肠也是一样，如果不加以好好保护，肠也会衰老，而肠的衰老会加速我们身体机能的衰老。同样年龄的老年人，肠内菌群也各有差异。

肠内菌群能达到或者接近黄金比例的人，会在同龄人中显得年轻；而显老的人则多数是因为肠内菌群长期紊乱造成的。

想保持年轻的“肠年龄”就必须在成长期到成人期尽可能地丰富、增加肠内有益菌。

人的肠道内有益菌一直占主导优势的话，即使随着年龄增长，有害菌增加，也会把对身体不好的影响控制在最低。**年轻的时候积攒的有益菌就像是“存储菌”，即使实际年龄增加，肠年龄也会保持良好的状态，免疫系统才会保持正常，人才会真正的年轻。**

现在很多年轻人患有高血压、糖尿病、肾病等以前中老年人才会得的疾病，就是因为大家对肠内菌群的认识不够。现在的饮食偏向西化，动物性脂肪食品摄取过多，快餐、零食、食品添加剂等代替了营养均衡的饮食习惯。这使得年轻人的肠内菌群紊乱，提前衰老，导致很多健康问题的出现。

日本的一个电视节目对30岁以上的人群进行肠年龄调查发现，30~40岁人群的肠内有益菌占12%，50~60岁人群的肠内有益菌占9%，70岁人群的肠内菌群占比只有4.5%。

之前我们讲过，**能够让我们保持健康的状态，理想的肠内菌群的黄金比例是有益菌占20%，有害菌占10%，中性菌占70%**。但事实是，如今30岁左右的人肠内菌群结构也是偏向不健康的，真正能够达标的人很少。一些人肠年龄的衰老程度，甚至是其实际年龄的数倍。

肠年龄的判断通常需要专业的便检测，调查肠内菌群的构成。研究者通过对人们生活习惯、饮食习惯和排便习惯的问卷测试，可以大致判断出肠内菌群的倾向。

大家需要了解肠内菌群的重要性，了解自己在日常生活与饮食中哪里需要改正，因为肠年龄也是可以逆转的。

三、自测肠年龄

“肠年龄”检测是指肠的健康状态测试。近年来，这个测试的结果显示，很多年轻人出现了肠老化现象。

你可以尝试测试一下，看看自己的肠年龄是多少。

生活习惯方面测评

- ☐ 排便时间不固定
- ☐ 放屁臭
- ☐ 经常吸烟
- ☐ 脸色不好，看起来显老
- ☐ 皮肤粗糙，有痘痘
- ☐ 有精神压力
- ☐ 运动不足
- ☐ 很难入睡，睡眠不足

饮食方面测评

- ☐ 不吃早饭
- ☐ 吃青菜少
- ☐ 早上总是很匆忙
- ☐ 喜欢吃肉
- ☐ 吃饭时间不规律
- ☐ 不喜欢吃发酵食品
- ☐ 一周至少四次出去吃饭
- ☐ 经常喝酒，并且喝得多

排便方面测评

- ☐ 匆匆忙忙没有时间排便
- ☐ 便很硬不好排
- ☐ 排便后有排不净的残存感
- ☐ 便的颜色发黑
- ☐ 排出的便一粒一粒的
- ☐ 排出的便很臭
- ☐ 排出的便会沉到便器的底部，冲水后有黏稠的痕迹

以上选项，自我测试

3个选项以下：肠年龄=实际年龄

4~9个选项：肠年龄=实际年龄+10岁

10~14个选项：肠年龄=实际年龄+20岁

15个选项以上：肠年龄=实际年龄+30岁

这不是医学检测，而是让你简单地通过日常生活的各种状态大致对自己的肠年龄进行的测试，了解自己的肠现在处于什么状态。

如果肠年龄大于实际年龄，就要及时纠正生活、饮食和上厕所的习惯，让肠年龄逆转变年轻也是有可能的。

四、破坏免疫平衡的五大原因

原因一：社会的老龄化

破坏免疫平衡的原因中，最无法避免的就是衰老。人类随着年龄的增长，身体组织开始衰弱，支持免疫功能的器官和细胞也都无一例外地衰弱下去。高龄者容易感冒，慢性疾病和癌症的发病率也大大提高。近几年，结核病又开始猖獗，在对日本的结核病患者的统计中我们发现，超过一半（55.1%的患者）是60岁以上的老人。

年龄的增长让人体的免疫力逐渐下降，身体处理病原体的能力随之下降，体内潜入的病原体也开始强势起来。身体免疫失去精密的管控，也会把矛头指向自身细胞，错误地攻击自身组织引发身体问题。如类风湿性关节炎等，这些疾病就是免疫性疾病。

我们现在正逐渐步入老龄社会，克服因年龄增长导致的肠内菌群紊乱、免疫力下降，是今后人们健康养生的一个重要课题。

原因二：过度清洁的环境

造成人体免疫系统紊乱的环境问题，其实是现在过度清洁的外部环境。

清洁的环境居然成了问题？可能大家都会很意外。过去爷爷奶奶或者再上一辈人，身上有虱子、头上有虮子也都不奇怪，现在你听说过谁身上有虱子？可能我们家里养的宠物猫狗身上都没有这样的生物存在了。以前都说汗脚，脚臭袜子也臭，现在臭脚丫子也少了吧。

在我们的生活中，抗菌袜子、抗菌材质的床单越来越普及，衣服、鞋子、被褥、文具、餐具、空调等都能随时消毒，并且很多生活用品的材质本身就带有抗菌功能。很多人甚至因为过度清洁而患上洁癖症。现在生活条件的优越，让人们对细节越来越重视。

人们对于流行性感冒、食物中毒以及病毒感染等疾病的重视，也是对细菌、病毒的危机意识提高了的表现。

我们与微生物共存这个事实是不可逆转的。那么，怎样能够与微生物更好地相处，这是大家需要知道的关键问题。**一味地除菌消毒，并不能消灭所有细菌和病毒，还会破坏我们自身的菌群，从而破坏了免疫系统。身体如果没有了“免疫”这道坚实的防护，反而更容易被感染、生病。**

举个例子，把一只小白鼠从出生开始就放在无菌的环境中饲养，它与正常环境下成长的小白鼠相比，免疫力非常弱，容易感染疾病，对有毒物质的抵抗力也非常弱。我们的生活环境不可能处于完全无菌的状态，所以要学会更好地利用微生物、理解微生物，更好地与它们共生共荣。免疫力才是我们健康最好的守护屏障。

原因三：饮食生活不规律

在环境因素中，饮食生活很大程度上影响着免疫系统的平衡。

首先，营养不良是最致命的。人体所需的七大营养素包括：蛋白质、脂肪、碳水化合物（糖类）、维生素、矿物质、水和纤维素。如果不能保证人体营养均衡充足的话，免疫系统的组织和细胞活性会变得衰弱。

人们因营养不良导致免疫力下降，这种情况在一些资源匮乏的国家多有出现，但是生活富足的国度也有很多人因为疾病或者衰老无法正常摄取食物。还有很多健康的人过度偏食，常吃快餐、加工食品，过度减肥等，都会造成营养不良，导致免疫力下降。

相反，吃得太多造成营养过剩，也会破坏免疫系统的平衡。比如：脂肪摄取过多，会使免疫系统亢奋，招致免疫系统自己攻击自己的危险疾病。

原因四：过度的精神压力

过度的精神压力也是破坏免疫系统的重要因素之一。身体在承受压力的时候，会把能量调节到对抗压力上，从而降低了自身的免疫力。

负责免疫的重要组织——“胸腺”和“淋巴结”在人40岁以后会逐渐萎缩，即使通过荷尔蒙作用，也无法避免生理性免疫力的降低。这样的状态如果长时间持续的话，身体免疫对病原体就没有了防备，身体也会容易生病。

人最大的精神压力是与亲朋的生离死别，很多人在经历过这样的事情以后，免疫力会持续一年以上明显降低。此外，超负荷剧烈运动以及考试期间，都有可能因为精神压力造成免疫力下降。

很多孩子在考试前都会上火、嗓子发炎、咳嗽、发烧，我们也在电视里看到过高考生一边打点滴一边在教

室里复习的画面，其实就是因为在精神压力的作用下，免疫力下降，身体防御能力降低，这时候就容易感染病原体。如果这时候能给孩子强化免疫力，就可以避免这样的事情反复发生。工作压力大、熬夜加班、重要会议前的准备工作、出差、考试、发布会等重要事情之前，我们应该注意休息，尽可能地保证营养均衡的饮食，强化免疫力。

原因五：不规律的生活习惯、疾病、电磁波等

生活习惯不规律、昼夜颠倒，对免疫力也有很不好的影响。本来，人应该是顺应自然“日出而作，日入而息”，**免疫机能也是日出开始复苏，日落后机能渐渐静默**。

通常，人在白天的时候机体最活跃，免疫力也处于时刻备战状态，随时可以对病原体和异物做出反应。

而相对于白天，夜晚时身体处于休息状态，免疫力的监视也会变弱。连日彻夜地加班、学习，或者通宵达旦地玩乐，免疫系统就会出现混乱，因睡眠不足导致免疫力降低。

还有药物的副作用、高压线和家用电器（微波炉、电视机等）释放出的电磁波，对免疫力也有不好的影响。

我们的生活中充满了一不小心就能破坏人体免疫的诱因，只有自己加强防护意识，进行正确的自我判断，守护好自身免疫力，才能真正预防疾病的发生。

第八章

CHAPTER 8

关系与身心健康的肠内菌群

Intestinal

FLORA

and

IMMUNITY

一、肠是第二大脑，肠脑相关

二、幸福的荷尔蒙90%在肠内

三、影响情感的神秘力量

四、肠内菌群影响孩子的脑发育

五、压力和肠内菌群

六、抑郁症是单纯的心理问题吗？

一、肠是第二大脑，肠脑相关

肠内有超过1亿个神经细胞，数量仅次于脑内的神经细胞。然而，肠不完全受脑的控制，它有自己的判断能力，所以也被称为“第二大脑”。

肠道神经通过迷走神经与脑相连，迷走神经主要有能活化肠蠕动功能的副交感神经。相反，能抑制肠蠕动的是交感神经，交感神经与脊髓的中枢神经相连。

最近人们经常提到“肠脑相关”这个词，这就像一个双向网络，很有意思。脑和肠的信息交换并不是单行道，肠也会向脑发出信号。也就是说，肠内的状态会传送到脑，再通过脑影响全身。

肠不仅与脑互发信息，还跟身体其他脏器有复杂的交流，相互合作。

例如：肝脏制造出胆汁这种消化液，我们空腹的时候十二指肠的阀门是关闭的，储备胆汁。从小肠输送到肝脏的营养素，会从肝脏输送到全身各处，肝脏因此是肠重要的储存库。

另外，看起来跟肠没有什么关系的心脏，一旦肠内环境恶化，肠内的信号就会通过自主神经传给心脏。心跳加速，心脏会与肠联动控制血流。

交感神经和副交感神经的交替工作也影响着肠内血流的速度，对肠内菌群的结构和数量产生影响。

肺与自主神经也有密切关系，如果肠有问题，呼吸会变浅、变快。

肠与肺也有密切关系，调整呼吸也可以调节肠蠕动。

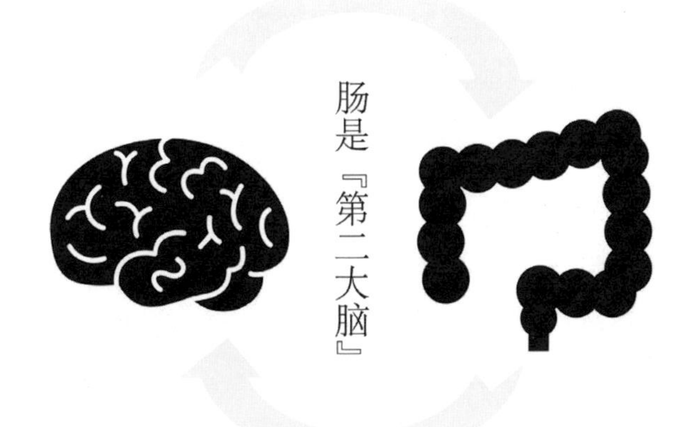

二、幸福的荷尔蒙 90% 在肠内

肠内环境紊乱的人，基本上看脸就知道，一般脸色都比较黯黑，没有精神。实际上，统计数据显示，患抑郁症的人很多都有便秘或者腹泻等肠道问题，心理的健康状态与肠有密不可分的联系。

肠和脑双向作用，互相影响。之前我们讲的肠是“第二大脑”，也因此被称作“肠脑相关”，想保持身心健康，必须要维护好肠的健康。

影响人情绪的荷尔蒙物质是“血清素”，它与幸福感相关，被称为“幸福的荷尔蒙”。实际上，**幸福的荷尔蒙有90%在肠内，8%在血液中，而脑内只有2%。血清素有活化肠蠕动、调整自主神经、平和情绪等作用，还可以抑制过度兴奋的肾上腺素和多巴胺**。

荷尔蒙是保持平稳心态的关键，而肠内菌群的平衡直接影响荷尔蒙发挥作用。所以，归根结底，肠是人们幸福、安定、快乐的保障，拥有健康平衡的肠内菌群，是身心健康的基础。

三、影响情感的神秘力量

人的情绪是由什么控制的？大多数人都会认为是脑控制情绪。确实，我们的情绪是由脑内分泌的神经传达物质所控制。

使脑清醒并提高注意力的多巴胺、能让愤怒的情绪冷静下来的血清素、产生不安和恐惧的去甲肾上腺素等，这些脑内物质均衡地分泌才能保持“心的健康”。

“肠脑相关”，肠和脑是双向的关系网，肠内菌群与脑相互关联，左右和影响着我们的“心”和情感。

研究人员在动物实验中，把性情温和的小白鼠的肠内有益菌全部剔除以后，本来温和的小白鼠变得具有攻击性。

另外，我们在对抑郁症患者和心理疾病患者的肠内菌群调查中发现，他们的肠内菌群中有害菌非常多，有益菌却很少。

近年来，情绪容易激动的人越来越多，原因很可能是血清素不足。抑郁症患者数量也大量剧增，他们的血清素和去甲肾上腺素缺乏，因此在治疗中大多使用增加脑内血清素的药物来进行调节。

为什么会出现神经传达物质不足呢？

血清素是由必需氨基酸中的色氨酸合成，多巴胺是由必需氨基酸中的苯丙氨酸、酪氨酸合成。

事实上并不是只要有氨基酸就可以合成足够的神经传达物质，还需要维生素B_6和叶酸，而维生素B_6和叶酸是由肠内菌群合成的，所以如果没有肠内菌群的参与，神经传达物质就无法合成。

肠内菌群可以抑制或者促进脑内神经传达物质的生成。也就是说，我们的“心”和情感是受肠内菌群控制的。

四、肠内菌群影响孩子的脑发育

为了进一步研究肠内菌群与脑的关系，研究人员对无菌小白鼠和一般小白鼠的脑代谢物的覆盖范围进行了分析。

两组小白鼠用同样的灭菌饲料和水来喂养，条件统一，观察它们代谢物的差异。

实验发现，在一般小白鼠的代谢物中发现了高浓度的大脑皮层所需物质，这是与婴儿脑的发育相关的物质，也证明了肠内菌群与婴儿脑发育的关联。

研究人员在对无菌小白鼠进一步的实验中发现，在幼时没有肠内菌群的小白鼠，其中枢神经中很多部分缺乏血清素。

然而在无菌小白鼠成年以后，再次植入肠内菌群后，血清素也没有太大变化。

也就是说，在幼儿时期肠内菌群对孩子脑的发育有很大影响，成年以后肠内菌群对脑的发育影响不大。

现阶段，与脑有直接关系的肠内菌群并不特定，但是在实验中，肠内菌群与脑的发育有关的可能性值得重视。

近年来，抑郁症与肠内菌群有关的学说也很多。而自闭症、交际困难、脑功能障碍等也与肠内菌群有关。

研究人员在对患有自闭症的孩子的调查中发现，他们存在独特的肠内菌群。

哥伦比亚大学的研究团队早在2012年的报告中就曾指出，在23个自闭症孩子中，有13个人的体内发现了同样的一种肠内菌，而非自闭症的孩子肠内却没有这种菌。

目前，学术界关于肠内菌群对脑的影响还在研究中。

五、压力和肠内菌群

“压力”这个词虽然很不受人欢迎，但是它几乎一直与我们同在。换了新的环境、复杂的人际关系等，都会给我们增加一些负面的压力。大家经常听到这样的话语，“压力是健康和美容的天敌，也是癌症、心肌梗死、脑卒中等疾病的致病因之一”，以及“抑郁症、过敏症等也与压力有关”。

生理的压力指：疲劳、失眠、营养不良等。

物理的压力指：天气、气温、湿度、噪声等。

心理的压力指：离婚、死别、经济状况等。

对于这些压力，人的身体做出的相应反应，叫作“全身适应综合征”。例如，胃溃疡、十二指肠溃疡、胸腺或淋巴结萎缩、肾上腺皮质增生等症状会随着压力的增大而出现。压力会对人体很多脏器造成不好的影响，但其中影响最大的是肠内菌群。

美国国家航空航天局（NASA）的报告称，在对登月的三名宇航员进行肠内菌群调查时发现，他们在极度不安和紧张的状态下，肠内菌群中的有害菌会急速增加。研究人员在对官兵训练前和训练后的肠内菌群调查时发现，训练前官兵的肠内菌群比例是平衡的，但经过两周的训练后，肠内有害菌大量增加。

另外，在日本坂神淡路大地震后，研究人员对人们肠内菌群进行前后比较发现，经历灾害后的人们肠内有害菌明显增加。

这些结果都说明了精神压力能破坏肠内菌群，精神压力导致有害菌增加。

在肠内合成和存在的“多巴胺”和“血清素”被称为幸福物质，向脑部输送后，人会变得乐观向上。但是如果被压力阻碍了传输，人就会产生焦虑、恐惧等负面情绪。

现在很多人是潜在的抑郁症患者，他们大多数脑内血清素含量不足。反过来说，如果增加脑内血清素，就会使脑清醒、放松，提高幸福感，抑郁症也就能得到缓解。而90%以上的血清素都在肠内合成，改善肠内环境对脑的帮助是非常大的，能预防脑老化，拥有舒爽健康的身心是现代人追求的理想健康状态。

脑和肠位于人体的不同部位，貌似距离很远，却有着密切的关联。

脑部的信息通过脊髓和自主神经传达到肠道黏膜上存在的神经细胞中。也就是说，脑感受到的压力，肠同样也能感觉到。脏器中只有肠的神经细胞最多，所以肠也被称为“第二大脑”“会思考的脏器”。脑内所需的物质大部分是肠内合成的，其中：

肾上腺素——清醒、注意力；

多巴胺——增加活力、乐观向上；

内啡肽——镇痛效果、提高幸福感、缓解不安。

俗话说“脑子不用就会退化，不转个儿了”，其实如果这句话换一个角度说，你肯定不知道：跟脑关系密切的肠如果停滞了，脑也会老化。

举一个例子：有一位年迈的患者在住院期间患上阿尔茨海默病（老年痴呆症）。大家都认为是因为他住院生活很烦闷，所以患上了阿尔茨海默病。其实原因并不完全是这样的。他的身体过度依赖静脉输入营养，减少了肠内神经细胞的活动，对脑的刺激减少，就增加了阿尔茨海默病发病的可能性。因此，**肠受到压力时脑也会受到损伤**。

人们在生活中绝对需要有减压、释放压力的能力，只是休息脑、放松脑还远远不够。肠向脑输送“幸福物质”，肠内菌群平衡、健康，才能分泌充足的脑所需的神经传达物质。脑充满了幸福的物质，我们就会有快乐、轻松的心情。

六、抑郁症是单纯的心理问题吗?

现在对于心理问题的治疗大多为药物治疗。日本的抑郁症患者数量逐年增加，2020年就有超过100万人就诊，然而每两个治愈的患者中就有一个人会复发。

通常治疗精神类疾病的药物中含有能够增加幸福感的脑内荷尔蒙物质多巴胺，如果多巴胺能够保持充足，抑郁症也是可以得到改善的。但是抑郁不是单纯的疾病，用药物治疗目前是很难实现治愈的。药物的副作用会造成患者性格带有攻击性，严重者还可能自杀。为了治疗无法确诊的疾病，一些患者便会长期服用药物，因此到底是“治病”还是“致病”，也很难判断。

也有很多人没有去医院就诊，但是时常出现不安、焦躁、恐惧、烦闷等情绪波动，其实这些也都跟多巴胺这个脑内荷尔蒙物质不足有关。

90%的多巴胺是存在于肠内的。如果肠内环境污染，其中有益菌就会减少，无法正常生成多巴胺，也就无法足量地提供给脑。人就会焦虑、不安，甚至抑郁。因此，改善肠环境，可以说是治疗心理问题的最安全、有效的方法。

在研究增加多巴胺和血清素的过程中，我们发现了肠内细菌的重要性。健全的精神由肠而生，生活中压力过多的时候，肠受到刺激，会促使肠内有害菌增加。

复杂的人际关系、过度疲劳、熬夜等不良的生活习惯及压力每天都在积累，长此以往会恶化肠内环境。尤其在青少年时期，如果肠内环境被破坏，心情也会有波动起伏。因此，当我们焦虑不安、恐慌、烦躁、脾气不好、注意力无法集中的时候，不要认为自己的性格就是这样，你可以关注下自己的肠内环境。

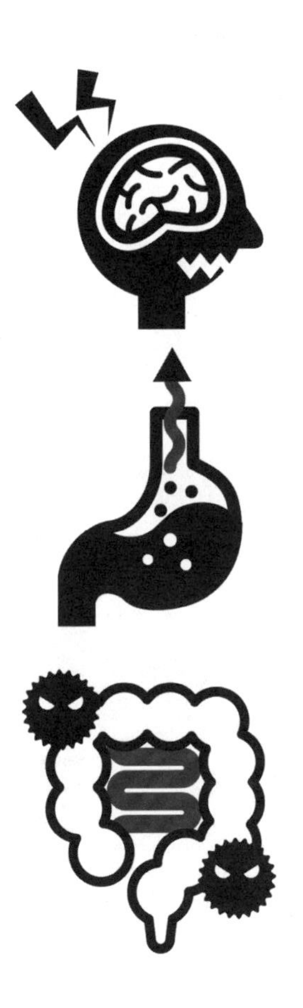

我们要改变对肠不好的生活与饮食习惯，平衡饮食，多摄取增加肠内有益菌的食物。慢慢地，随着肠内环境被调节，身体与精神状态恢复健康与稳定后，你会发现自己其实也没有那么焦躁不安，笑容也会多起来，性格也就随之改变。

第九章

CHAPTER 9

肠污染导致疾病发生

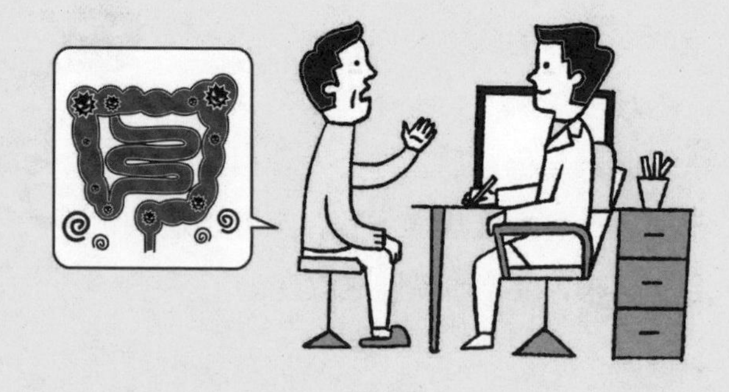

Intestinal
FLORA
and
IMMUNITY

一、可怕的肠污染

二、饮食的欧美化导致的身体问题

三、蔬菜和膳食纤维摄取不足导致的身体问题

四、长期吃加工食品的危害

五、过多摄取糖分的危害

六、肠污染导致腹泻或便秘

七、腐败毒素的危害

八、便秘使食物残渣积存于小肠内

九、便秘对小肠的不良影响

十、体内毒素积存的危害

十一、教你观察便便

十二、肠污染时身体的各种表现

十三、肠污染对人体免疫系统的破坏

十四、“免疫力低下”的危害

十五、危险的癌症

十六、免疫异常会引发各种过敏症

一、可怕的肠污染

看了前面的内容，大家已经了解到：**小肠和大肠是吸收营养素的重要器官，也肩负着人体免疫的重要职责**。**肠与生俱来的两个系统只要正常运作，人就不容易生病**。

但是如果由于一些原因，这两个系统出现异常的话，身体就会出现各种各样的问题。

比如，如果营养消化吸收系统出现异常，就会腹泻、肥胖、皮肤粗糙，严重的还会造成营养不良。

如果是肠道免疫出现异常，则免疫力会低下，容易患感染症和慢性疾病，严重的还会导致癌症的发生。

免疫异常会引发很多过敏症，如过敏性鼻炎、过敏性皮肤病，还有风湿性关节炎等。造成这些疾病的重要原因之一就是“肠的污染”。

接下来我们就详细解说一下关于**造成肠污染的原因、肠污染会带来的可怕后果、为什么肠会污染**等问题。

二、饮食的欧美化导致的身体问题

饮食上的欧美化和不规律的饮食习惯，给我们身体的健康带来一定的问题，对肠也产生一定的影响。

困扰我们健康的疾病，如癌症、高血压、心脑血管疾病、糖尿病、痛风等慢性疾病，也叫“生活习惯病”。慢性疾病发病的最大原因，归根结底是不良的生活习惯和饮食习惯的问题。

过去，人们以粗粮、豆类、薯类、蔬菜等低脂肪、低热量、植物性蛋白的食物为主。现在则已经偏向于牛肉、猪肉等肉食，以及牛奶、鸡蛋、黄油、奶酪等乳类脂肪食品。人类已经习惯了高脂肪、高热量、高蛋白的饮食方式。现在很多小孩子得了慢性疾病，也跟这些不良饮食习惯有关。

首先，长期大量地摄取牛肉和猪肉的饮食习惯会带来一系列的健康问题。同样是动物蛋白，牛肉和猪肉比鱼肉富含更多的脂肪。人体肠内的温度跟体温大致相同，大约37℃。就像在很热很潮湿的夏天，吃剩的肉放在闷热潮湿的地方，很快就会变质腐烂，散发臭气。

如果这样的情况发生在小肠和大肠中，腐败气体和腐败毒素便会通过黏膜上密集的毛细血管和淋巴管进入身体，随着血液循环和淋巴循环蔓延到全身。动物蛋白是肠内有害菌最喜欢的食物，在大肠内会产生大量有毒气体和有毒物质（也包括致癌物质）。很多欧美人身上会有体臭，这跟他们的饮食以肉为主有关，血液中进入大量的腐败气体后会从皮肤排泄出来，所以会有很重的体臭。**另外以肉为主食的饮食习惯，会导致皮肤变得粗糙，这是因为腐败气体从肠黏膜入侵，对体表皮肤有直接的刺激作用**。

牛肉和猪肉是高脂肪食物，牛的体温在38.5~39℃，比人的体温高。牛肉的脂肪溶解温度为40~50℃，在肉类当中温度是最高的。人吃了牛肉，牛的脂肪会在我们的血液中结成脂肪块，血液会变得浑浊。而鱼的体温低于人的体温，因此鱼的脂肪会很好地在人体内溶解，所以说吃鱼对身体更好。

大家都知道，**鸡蛋、奶酪、冰激凌等食物中含有很多脂肪**。黏性的脂肪通过小肠的淋巴管大量进入血液，血液就会变得黏稠。如果长期保持这样的饮食习惯，会诱发“高脂血症”和“动脉硬化”等疾病。

另外，肉消化后的食物残渣黏性很强，很容易附着在大肠黏膜表面，引起便秘。肉消化后的食物残渣如果不能及时排出体外，就会在大肠内不断地被吸收水分，变得越来越硬，使便秘情况恶化。腐败物质还会产生出更多的有害气体和有毒物质，这些有害气体和有毒物质会通过血管和淋巴管蔓延全身，存积在身体各处，造成恶性循环，招致各种各样慢性疾病的发生。近年来，人类肠道环境的恶化，也使结直肠癌的病死率升高，糖尿病患者的数量急速增加。

关于碳水化合物的摄取，过去一些人以吃米饭为主，现在吃面包的人增多。焖米饭比较费时费力，吃面包的话，大家可以直接买现成的各种各样口味的面包，比较省事。市面上卖的面包含有很多糖分、脂肪，甚至可能还有漂白剂、防腐剂等食品添加剂。与吃肉一样，以吃面包为主的饮食习惯也会使大肠受到污染。

三、蔬菜和膳食纤维摄取不足导致的身体问题

现在的人跟过去相比，蔬菜的进食量在减少。蔬菜对肠是非常重要的，其中含有丰富的膳食纤维，这是肉类所没有的。膳食纤维中有纤维素等物质，是消化器官产生的消化酶也无法消化的。

1.膳食纤维不会被消化，也由于这个原因，它可以去除小肠和大肠黏膜上的污垢。就像是软软的毛绒刷一点点刷掉污垢，清洁肠内环境，防止便秘的发生。

2.没有被消化的膳食纤维会成为住在肠内的有益菌的最好食物，也就是说摄取膳食纤维可以增加肠内有益菌，减少肠内有害菌。

3.肠内有益菌吃了膳食纤维之后，会产生很多我们自身无法生成但却是维持健康不可缺少的各种维生素。

相反，如果养成不吃含有膳食纤维的蔬菜的习惯，则小肠和大肠黏膜上的污染会加重，便秘也会加重。这样就会使大肠内的有害菌增加，大肠的消化、吸收能力和免疫力都会降低。

四、长期吃加工食品的危害

现代人的饮食习惯，除了偏向欧美化以外，还有很大的问题，**就是人们忘记了为了维持生命和健康才是“吃饭”的基本意义**。如今人们的饮食更多偏向于“便捷、简单、迅速”，习惯马上满足“食欲”。在我们的日常生活中，能够接触到大量的方便食品，如半加工食品、速食、冷冻食品、甜食等，而快餐、外卖也非常便捷。

一些方便食品为了延长保质期，会加入防腐剂和食品添加剂，而印在包装上面的成分表大多数人都看不懂。例如，我们喜欢吃的甜食，为了增加甜味，不知放了多少人工甜味剂等不利于健康的物质。

而油炸食品在加工过程中，使用了大量的油来煎炸。反复使用的油与空气发生反应，逐渐氧化，被氧化的油有非常强的酸化作用，如果过量摄入则会让敏感的肠黏膜细胞产生炎症。**大量摄取脂肪也会使肠内受到污染，尤其是氧化的脂肪对于身体来说是非常危险的毒素，**能够使肠内有害菌增殖，产生腐败毒素，这也是导致便秘的原因之一，对身体有非常坏的影响。

五、过多摄取糖分的危害

我们过多摄取动物蛋白和脂肪会污染肠道，与此同时，摄取过多的糖分也是非常危险的。现在从儿童到成人，很多人都无意识地每天摄取大量糖分，如饮料、果汁、冰激凌、乳制品，以及各种各样的零食，特别是巧克力、口香糖等，我们日常接触到的很多食品中，都含有大量糖分。

一瓶500毫升的可乐中白砂糖的含量达到55克，碳酸的刺激容易使舌头麻痹，所以特意增加了糖的使用量来增加甜味感。凉的饮品比热饮更不容易感觉到甜味，所以喝凉的饮料更容易一口气喝多，摄入过量的糖分。

500毫升的橙汁中含有60克白砂糖；500毫升的运动饮料中含有33克白砂糖；一板巧克力中含有70克白砂糖；一个普通的冰激凌中含有170克白砂糖。

2014年，世界卫生组织在全球范围内征求关于拟将每人每天“添加糖”（不含食物本身含有的糖）摄入量的推荐上限减半的意见，即以成年男子每天从饮食中获取的能量计算，每天最多摄取25克“添加糖”。而我们在无意识中却摄取了过量的糖分。

可怕的白砂糖（精制白糖）

人体所需的七大营养素，如蛋白质、脂肪和碳水化合物（糖类）等，都是身体必不可少的物质。米、小麦、薯类、淀粉、砂糖等，被小肠分解吸收变成葡萄糖，葡萄糖是身体的主要能量来源（特别是供应脑的能量源）。

但是如果我们过多摄取白砂糖（尤其是精制白糖）对身体是很危险的。

例如白米，是从本来的自然状态经过精加工而成的，谷壳原本含有的丰富的维生素和营养素，基本在精加工的过程中被去除掉了，营养价值非常低。

与此相同的，化学精制的白砂糖，基本也没有了黑糖和粗糖中本应该含有的天然钙和维生素，完全没有营养价值，只能单纯作为甜味调料，是没有意义的热量。

糖分除了白砂糖以外，还有很多种类。从分子的构造可以分为“单糖类”“二糖类”“多糖类”三种。

“单糖类”就是只有一个分子的糖，主要代表有葡萄糖和果糖。单糖类在自然界不能单独存在，想让食物中直接含有葡萄糖那是不可能发生的情况。果糖是水果中富含的糖分，是甜味的基础来源。

“二糖类”的主要代表就是白砂糖，它是由两个分子组成。

“多糖类”就是很多单糖类组合在一起的糖分，比如在米、小麦、荞麦、玉米等谷类，豆薯（地瓜）、马铃薯、山芋等薯类，大豆、小豆等豆类中都会含有。

之前我们说过食物的消化过程，像二糖类和多糖类这样分子比较大的食物，是不能够直接被送进小肠的。需要通过消化分解等复杂的过程，最终把二糖类和多糖类分解为单一分子的单糖类，这才终于可以被小肠吸收，成为身体的能量。

多糖类，比如米饭、面包等食物，最终被分解为单糖类，消化吸收所需的时间在3~4个小时，但是只有两个分子的二糖类白砂糖，却会瞬间被身体消化吸收。

大家可能觉得，这样迅速地被消化吸收，不是很好吗？

如果在剧烈运动或集中精力工作、学习之后，我们用巧克力等甜食获取能量源，身体会迅速得到恢复。但除此之外，在没有必要的情况下大量进食甜食，对身体是有害的。

糖分的过量摄取，对肠的消化和吸收功能也是有害的。有的人表现为腹胀、腹泻或者便秘，这也是肠受到污染的表现。此外，吃糖多的人皮肤会变得粗糙，免疫力降低，免疫系统发生异常，易患感冒或者感染症，如果有创伤则容易化脓很难治愈，容易出现过敏性皮病、过敏性鼻炎、过敏性哮喘等过敏症状。

大量摄取糖分，胰脏会释放出大量胰岛素，造成胰脏疲惫，调节血糖的能力会下降，使血液中糖分增加，引发糖尿病。

单糖食品

单糖在自然界不能单独存在。像水果中富含的果糖就是单糖。

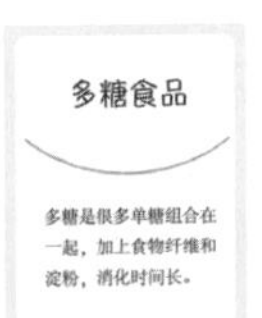

需要每天控制摄取量

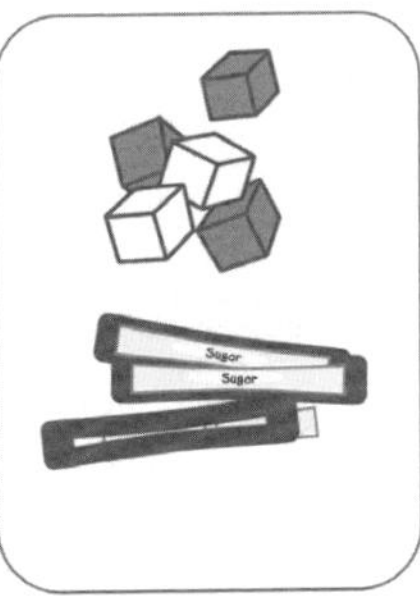

瞬间会被消化吸收

消化吸收大约 3-4 小时

六、肠污染导致腹泻或便秘

现代人的饮食习惯和饮食结构直接导致肠特别是大肠黏膜表面容易受到污染。如牛肉、猪肉等富含动物性脂肪的食物，对肠的黏着性非常高。食品添加剂等人工化学物质，对肠也有很强的黏着性。

如果长期持续这样的饮食习惯，黏着性物质超过了小肠的消化和吸收能力，就会直接流入大肠，附着在大肠黏膜上。如果附着物越来越多，大肠就不能正常吸收食物残渣里的水分。食物残渣的水分没有被充分吸收，直接排便就会出现腹泻的情况。

与此相反，有的人表现为便秘。肠是通过蠕动运动把食物残渣朝着肛门方向运送，在这个过程中，肠黏膜会分泌大量的肠液，这个黏液起到如汽车发动机润滑油一样的作用。但是如果肠黏膜表面被大量的黏着性物质覆盖的话，肠黏膜就无法正常分泌肠液，就起不到充分的润滑作用，使便在大肠内长时间存积。大肠内食物残渣的水分被吸收，食物残渣会变得越来越硬，更加不好排出，引起越来越严重的便秘。

七、腐败毒素的危害

长期便秘容易让人们患上很多重大疾病。原因很简单，肠内产生大量的腐败气体和腐败毒素，这些物质进入血液，通过全身循环，到达身体各处，对细胞和细胞组织造成损伤、引起炎症。如果长期发展下去，全身各部位毒素大量累积（医学上称为自体中毒），最终会引发各种各样的疾病。

长时间存在肠内的食物残渣发酵腐败后，成了无数病原体和有害菌最好的食物。便秘使病原体和有害菌增殖，产生更多的有毒物质，对支撑肠道免疫的“免疫细胞”和“肠内有益菌”造成破坏。身体的免疫力就会降低，人们就容易得感染症。

另外，便秘产生的有毒气体和有毒化学物质，对大肠黏膜进行直接的刺激，不仅损伤表面黏膜还会引起炎症。与此同时，**溃疡性大肠炎和各种严重的大肠疾病、结直肠癌的发病率会大大增高**。有害气体、有毒化学物质以及病原体，也会从黏膜的伤口处对人体内的细胞组织进行直接刺激，入侵人体，并通过大肠黏膜进入毛细血管，最后循环全身。

血液中有无数的免疫细胞，对病原体和有害化学物质等进行防御。通常肝脏负责对体内的毒素进行解毒并帮助排泄，**但是如果毒素大量入侵，并且是慢性并持续地入侵，则免疫细胞的抵抗能力和肝脏的解毒能力都会受到严重破坏**。

这些毒素会使身体的细胞组织、脏器产生炎症，破坏其功能。细胞组织开始积存毒素，身体各处就会出现急性的或慢性的异常症状和疾病。

疾病出现的位置和症状看起来可能与肠完全没有关系，但是面对疾病，首先要考虑的还是大肠的污染问题。

八、便秘使食物残渣积存于小肠内

大肠的污染会影响与其相连接的小肠和胃也出现连锁反应。现在有一个很流行的健康美容的关键词是“排毒”，意思是排出身体内长期积存的毒素和代谢物，这需要通过身体“排泄”来完成。

排泄主要指：通过排便、排尿、排汗、呼吸、毛发等方式排毒，而其中最重要的就是排便。**人体最大的排泄器官是大肠，**人体75%的毒素是通过排便排出的，如果大肠排泄功能减弱就会导致便秘的发生和毒素的存积。

吃饭和呼吸一样是有进有出的，很多人认为是先吸气才呼气，其实正好相反，是先呼气才能吸气。气体在肺里积存的时候是不能再吸气的，所以吸气的先决条件是先呼气。**吃饭也是一样，首先要排出，有空间空出来才能进食**。身体是很诚实的，便秘会使食欲下降也是这个原因。

大家想象一下，在一个单行隧道中，如果前方交通堵塞，后面的车是进不去的，不解决前方阻塞问题，继续从入口进入车辆的话，只能使阻塞范围延长，进口处也会受到影响。

同样，在只有进口和出口，单行道的消化器官中，食物量超过小肠的消化处理能力的话，食物就会暂存在胃里。

大肠与小肠也是有相互判断的，如果大肠内储存过多食物残渣不能排出，本来应该送到大肠的食物残渣就会暂存在小肠内。

这一连锁的滞留对敏感脆弱的肠黏膜来说有非常坏的影响：毒素繁殖、蔓延全身，肠的污染导致全身污染。

而食物长时间积存在肠胃里便会腐败发酵，产生有毒气体，再通过食管逆流，就会出现打嗝、胃灼热、反酸、口臭等现象。

九、便秘对小肠的不良影响

小肠内的食物积存会促使食物残渣在小肠内发酵腐败，跟大肠相同，食物残渣腐败后产生的有毒物质，容易对小肠黏膜造成伤害和污染。

小肠黏膜细胞、小肠功能以及免疫细胞都会受到严重的破坏。

小肠黏膜的污染会影响身体对营养素和水分的吸收。身体不能充分吸收营养素的话，为了维持生命，人就会本能地想吃更多食物。也就是说，小肠黏膜长期污染，便会不自觉地想要暴饮暴食。

食物长时间在小肠内积存、腐败，跟大肠一样，产生大量的有毒物质和有毒气体，从小肠密集的毛细血管进入身体并在全身扩散。

从小肠和大肠庞大的表面积，便可以想象到进入身体的有毒气体和有毒化学物质的数量是更加难以想象的庞大。

十、体内毒素积存的危害

我们在前面一直强调的“小肠和大肠的污染”或者“便秘”产生的有毒气体和有毒化学物质，从小肠和大肠的黏膜组织直接进入血液。

人体有各种排泄器官如大肠、肾脏、肝脏、皮肤、肺、毛发，以及各种排泄方式如便、尿、汗液、呼吸等。毒素的危害在排泄系统中不会马上表现出来，可是毒素大量、长期、持续地入侵人体，会让排泄器官，尤其是肝脏产生巨大的负荷。**毒素量超过肝脏解毒能力的话，就不能被完全排出体外，可能导致全身的细胞和脏器积存大量毒素，引起重大疾病的发生**。

“体内积存毒素”是非常可怕的，会引起慢性疾病的发生，在最初阶段不疼不痒，很少有症状表现，很难被发觉。然而，当毒素积累到一定程度，身体便会感觉到不舒服，会通过各种症状表现出来。

如果怀疑是大肠污染引起的身体症状，首先要彻底清除肠内污染，这才是真正解决健康问题的关键。

十一、教你观察便便

大肠污染最直接的表现就是看“排便”，这样就可以一目了然地知道大肠是否在正常工作。

主要看三点：颜色，形状，气味。

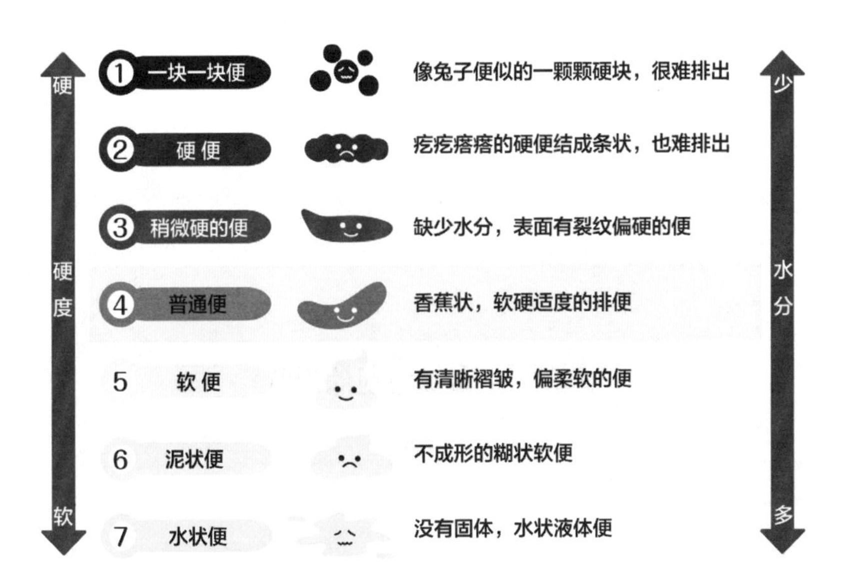

第一　要观察便的颜色

理想的便的颜色是土黄色，颜色越深越偏向茶黑色，说明肠内污染程度越高。

如果便的颜色是浓茶色，说明吃的肉、乳制品多，脂肪摄取过多。脂肪的消化与分解需要十二指肠分泌的胆汁和胰液。胆汁是浓茶色，也就是说，饮食中摄取了过量的脂肪，十二指肠就必须要分泌大量的胆汁，所以排出的便的颜色就会是浓茶色。

如果便的颜色是黑色，问题就比较严重了。这也包括脂肪的过度摄取，食物残渣在大肠内留存的时间过长，水分被不断吸收，说明有严重的便秘情况。

如果黑便情况持续，有可能在大肠以上的消化器官（胃、十二指肠、空肠等部位）有出血现象，也有可能是胃癌、胃溃疡、十二指肠溃疡，这种情况建议尽早到医院接受检查。

第二　要观察便的形状

肠在正常工作的状态下，理想的便的形状是像香蕉一样粗细，又直又长，表面光滑。表面光滑，是因为便表面覆盖着一层我们肉眼看不到的大肠黏膜，便能够顺畅地排出，表示肠液正常分泌，肠液起着润滑油的作用。

最理想的排便是不需要特别用力，就可以顺畅排出的状态。还有一个简单的方法——看擦拭的厕纸，基本不需要二次擦拭，很干净的状态就是非常好的排便。

如果是细、短、弯曲、一块一块地排便，说明大肠受到污染，或者有很严重的便秘。这是食物残渣在大肠内滞留时间过长，水分被过度吸收的表现。相反，排便次数频繁且像水一样的粥状排便，也是大肠污染、大肠功能不能正常运转的表现。

除了病原菌感染、水污染、吃了发霉食物引发的腹泻以外，如果长期水状排便并且不成形的话，很大程度上是因为肠污染。大肠黏膜被小肠没有完全消化的蛋白质与脂肪覆盖，无法正常对食物残渣中的水分进行吸收，就是这种直接被排泄的状态。

第三 要闻便的气味

排便臭的原因有两个，其中一个原因是肠内菌群中有害菌分解蛋白质时产生的化学物质和有毒物质，这种有毒物质大量产生并且在体内积存的话，会引发各种身体疾病。这些都是过量食用牛肉、猪肉、乳制品等高蛋白质、高脂肪的食物而引发的。

另外一个原因是慢性便秘。恶臭和强烈的腐败臭味，是由于严重便秘，产生大量的腐败毒素和有害气体造成的。我们要养成每天观察排便的习惯，对饮食习惯进行调节，努力在日常生活中减少肠污染。

十二、肠污染时身体的各种表现

1. 臭屁

正常情况下，人每天都会放屁，如果放出的是无臭的屁，是没有问题的。但如果放的是恶臭的屁，并且频繁放臭屁的话，就跟排便臭是同样道理。很明显是过量食用高蛋白质、高脂肪的食物，以及摄入刺激性物质，使有害菌产生大量有害物质污染肠内环境造成便秘，同时产生大量有毒气体。

2. 皮肤粗糙、起痘痘、黑色素、雀斑

肠被污染，产生大量有毒物质，超过肝脏的解毒处理能力，有毒物质就会随着血液循环蔓延全身。在排泄器官中，皮肤是通过汗腺排毒的，有毒物质会融入汗液中，刺激皮肤表面细胞引起炎症甚至化脓。

年轻人表现为长青春痘，中年人表现为成人痘。有害毒素对皮肤的影响是让皮肤粗糙，皮肤的颜色也会偏黄色或黄绿色，出现褐色的雀斑，黑色素沉积。这些都是身体

内积存了过多有害毒素的表现。同时，皮肤的附属器官，如毛发、指甲都会出现变化，白发会增多，头发会失去光泽，发量会变得稀少，手指甲表面会出现凹凸的纹路，脚趾甲会变硬、变厚。

年轻人皮肤的排泄功能和代谢能力都非常强，体内的毒素会被迅速大量排出，这也是年轻人容易起痘痘的原因之一。

但是代谢功能没有年轻人强的儿童和30岁以上的成年人，如果频繁出现起痘痘现象，说明体内已经有相当多的毒素存积了。

很多人使用含有抗生素的软膏来治疗青春痘，也许是一个非常危险的处理办法。如果单纯是皮肤表面附着的有害细菌使皮肤表面细胞产生炎症的话，药膏是有效果的。

但是如果是因为肠的污染，使体内产生毒素的积存，而导致出现青春痘，则使用抗生素药膏就会出现相反的效果。

即使可能会有一时的症状改善，但是如果用药物抑制皮肤本来固有的排泄能力的话，毒素会在体内积存无法排泄。

如果让这种情况持续发展，则会成为“自体中毒”。症状会反复出现，或者比之前更加严重，有的甚至会蔓延至全身皮肤，引起更重的症状和疾病。

皮肤的状态也是显示肠有没有被污染的一面镜子。

3. 体臭

汗和分泌物与有毒气体和有毒化学物质混合，在皮肤表面也会产生恶臭，就是我们所说的“体臭”。**体内毒素积存得越多，体臭就可能越严重，如果你突然发现身体有体臭了，说明肠可能被污染了**。

特别是人到中年以后，身体机能开始走向衰老，新陈代谢的速度也明显变慢，渐渐也会出现体臭。如果再加上不健康的生活习惯和饮食习惯，则不仅体臭会加重，排便也会变得更臭。很多中老年人身上出现“老龄臭”其实就是说明他的肠可能受到了污染，这是有害物质过多的表现。

4. 头痛、脱力感、无力感等症状

腐败气体和有毒化学物质溶在血液中，随着血液循环到达身体各处。如果阻塞毛细血管的话，感觉器官就无法获得充足的营养素，视力和听力等感觉器官的灵敏度会下降。

有毒物质如果到达大脑，则对脑细胞有很坏的影响，会出现如头痛、脱力感、无力感、注意力下降等，这些是症状比较轻的表现。如果毒素长期对脑产生影响，则人们会出现对什么事都漠不关心、有无力感，严重的会出现失眠、情绪不稳定、神经质、抑郁等症状。其实很多抑郁症患者都是慢性便秘患者。大肠的污染与精神障碍有紧密的联系。

十三、肠污染对人体免疫系统的破坏

肠污染造成体内毒素积存，最直接的影响是细胞组织和脏器受到损伤，在引发各种病症的同时，还有另外一个严重的问题：**肠污染破坏了守护我们健康的免疫系统，使免疫系统功能降低，引发身体异常**。

肠污染首先会使小肠和大肠肩负的“肠道免疫”不能正常发挥作用，还会使“全身免疫”受到肠道免疫的波及，致使全身免疫系统也不能正常发挥作用。

大肠的污染会导致便秘和有害菌的增加，从而产生大量的腐败毒素，这会对大肠内的淋巴细胞和有益菌造成直接的伤害和破坏。

另外，如果大肠内有便秘的情况出现，则食物残渣会在小肠滞留，小肠的污染会引起腐败毒素的产生。

这样的话，小肠黏膜上重要的免疫组织——淋巴细胞就会受到重创，强大精密的肠道免疫系统功能会降低，引起身体异常，最坏的情况是人体整个免疫系统崩溃。

十四、“免疫力低下”的危害

通常情况下，即使病原体入侵人体，小肠和大肠黏膜上的强力且数量庞大的免疫细胞也可以排除异物。但是如果肠道免疫功能低下，不能完全排除病原体，那么病原体就会通过肠道黏膜进入体内，这样我们就很容易得感染症，各种癌症也容易发病。

我们身体内的癌细胞并不是突然产生的。其实，每个健康的人体内每天都有5000~6000个癌细胞产生。正是因为有免疫系统时刻监视体内的“异常细胞”，才能发现并找出癌细胞，加以攻击。这个免疫细胞是淋巴球的一种，就像“天生杀手”，是人体与生俱来的专门用来攻击并杀死“异常细胞”的一种免疫细胞。

癌细胞其实是正常细胞突然变异而成的，它会一边“侵食”周围的细胞一边增殖。放任不管的话，它们会不断吸收健康细胞的养分，杀死正常细胞来增殖自己。

被称为“天生杀手”的免疫细胞把癌细胞识别为身体的“异物”加以攻击，尽量快速地杀死癌细胞。

正是因为有这个“天生杀手”的免疫细胞，才能够清除我们身体每天产生的癌细胞。如果免疫力低下，这个“天生杀手”的免疫细胞对癌细胞的杀伤能力就会降低，癌细胞会在身体各处增殖，导致癌症发生。

随着年龄的增长，肠内有益菌会减少，有害菌会增多，免疫力也会降低。免疫细胞中的“天生杀手”的攻击能力也会减弱。所以高龄人发生癌症的概率更高，如常见的胃癌、结直肠癌、肝癌、卵巢癌、乳腺癌、肺癌等。

十五、危险的癌症

癌症是身体中的基因变异，无法控制细胞增殖引起的疾病。

实际上，基因变异是很容易产生的，因为在我们的身体中每天都会有癌细胞生成。但只要我们的免疫系统正常工作的话，就会消灭这些癌细胞，我们便不会得病。

我们知道，化学物质中带有致癌物质，而病毒和细菌感染引起的慢性炎症也会诱发突变，增加癌症发生的可能性。

关于胃癌，过去很多研究者提出，是由于化学物质的原因引起的，但却没有一个确切的结论。

20世纪80年代初，澳大利亚医师Mashal提出了胃癌是由“幽门螺旋杆菌”引起胃炎最终导致的观点。从此以后，胃癌的研究发生了飞跃式发展，人们最终确定，**由于“幽门螺旋杆菌”的感染，引起胃炎，并导致胃癌的发生**。**凭借这一项研究成果，Mashal在2005年获得了诺贝尔生理学或医学奖**。

与胃相比，肠道内有着庞大的肠内菌群，结直肠癌与肠内菌群污染有关。

大肠污染导致肠内产生大量有害气体与有毒化学物质，随着血液循环扩散到全身。这些病原体极易引发炎症。大肠内壁有非常细密、敏感的黏膜组织。黏膜组织发生的炎症、溃疡，会让人们患结直肠癌的概率增加。结直肠癌因此与肠内污染有着密不可分的关系。

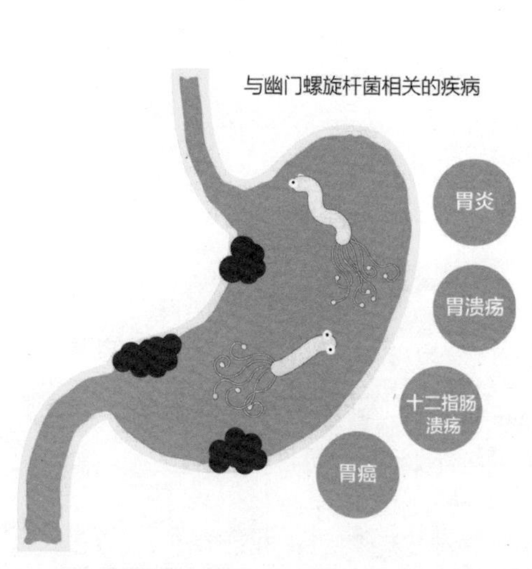

十六、免疫异常会引发各种过敏症

大肠的污染会在人体内产生大量的强力毒素，除了会造成免疫力低下还会出现免疫异常。

免疫异常跟免疫力低下是不同的概念。

免疫力低下，只是对病原体和癌细胞的作用与攻击力减弱，虽然攻击力减弱了，但却还是可以分辨清楚哪个是敌人哪个是自己。

免疫异常是指免疫功能无法正常工作。它与免疫力低下最大的区别是，在免疫异常的情况下，免疫细胞分不清哪个是敌人哪个是自己，会做出攻击自己细胞的异常行为。

比如：各种慢性过敏症就是免疫异常，是免疫细胞攻击自身细胞导致的。

具有代表性的慢性过敏症有：过敏性皮肤病、过敏性结膜炎、过敏性鼻炎、过敏性哮喘等。其实以前很少有人患过敏症，但是现在很多人从儿童时期开始就患有过敏症，这也成为目前大家普遍关注的一个健康问题。

现在最大的问题是，过敏症的致病因无法确定，所以也没有特别好的治疗方法。

如今针对过敏症，大多数患者只能使用药物进行一时的抑制疗法，但这不是根本治愈病症的办法。不能根本解决致病因，症状即使一时被压制，也还是会反复发作。

近年来的医学研究已经明确了小肠和大肠中的肠内免疫系统与过敏症的关系。

很多过敏症都是由于“大肠的污染”或者“小肠的污染”波及“肠道免疫”引起免疫异常，最终导致人体内各处“黏膜免疫”异常所导致的。

我们的肠道免疫系统会合理地区分“对身体好的东西”和“对身体不好的东西”。“对身体好的、安全的东西”会接受；“对身体不好的、危险的东西”会攻击和排出体外。

过敏反应是身体免疫将“对身体好的、安全的东西”视为是外来异物、入侵的危险物质，从而进行攻击引起的症状。

如今很多婴幼儿都患有过敏症，摄取牛奶、乳制品、小麦、大豆等特定食物后会出现湿疹、咳嗽不止、呼吸困难等症状。

这些食物是“对身体好的东西”，但身体却产生了免疫反应，把食物当成了“异物”发起攻击。

过敏性皮肤病患者，其面部或者全身皮肤会出现红色湿疹，出现瘙痒等皮肤炎症。

过敏性哮喘患者表现为支气管炎症，每次呼吸时都会发出“咝咝”的声音，剧烈咳嗽，有时甚至会出现呼吸困难的症状。

花粉过敏患者会有鼻塞、流鼻涕、打喷嚏、眼睛发痒或充血等症状。

这些过敏症的发病位置不同，但是发病原理基本是相同的。

过敏症是由肠内污染导致的免疫异常引起的

第十章 CHAPTER 10

肠污染与慢性病

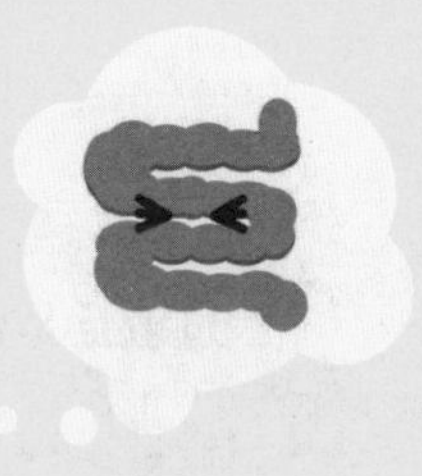

Intestinal
FLORA
and
IMMUNITY

一、花粉过敏为什么会发生

二、身体慢性炎症

三、肥胖与糖尿病

四、肠污染与糖尿病

五、糖尿病可怕的并发症

六、糖尿病患者病情为什么容易恶化

七、肠污染与心脑血管疾病

八、肠污染与大肠疾病

九、肠污染与更年期

十、阿尔茨海默病和帕金森综合征

十一、肠污染与痛风

一、花粉过敏为什么会发生

在日本被称为“国民病”的杉树花粉过敏症是现代人过敏症的一个典型病例。下面我们就用花粉过敏症作为例子，说说过敏症是怎么发生的。

“免疫宽容”实际上不只是说肠道免疫，更广泛地说是人体内所有黏膜组织的黏膜免疫在发挥作用。黏膜免疫是在尽可能比较早的阶段，分辨出对身体好的、安全的东西和不好的、有害的东西。可是，如果免疫出现异常，则口腔、咽喉、支气管等黏膜的“免疫宽容”功能就不能正常工作。

杉树花粉附着到口腔内的扁桃体、支气管黏膜上后，黏膜免疫就会启动。首先，在黏膜处待机的“吞噬细胞”会把花粉辨认为“异物”，将其整个吞噬掉后会排泄出一部分，并通知T细胞。

然后是T细胞登场。T细胞有对抗外界无数病原体的抗体，本来T细胞应该对花粉这样对身体无害的物质不发生反应的，但是如果在自主神经紊乱、大肠污染等原因造成免疫异常的时候，T细胞会把“吞噬细胞”排泄出的物质（花粉）视为特定的病原体（也有说杉树花粉与特定病原体相似）。结果，T细胞把花粉判断为“敌人”，命令B细胞做出专门对抗杉树花粉的大量的抗体，对进入身体的花粉进行攻击。

免疫反应释放出大量的“组胺”,强烈刺激周围敏感的黏膜细胞，使黏膜细胞发生炎症。花粉附着到鼻黏膜的时候就会流鼻涕；附着到眼睛黏膜的时候，眼睛会发痒或充血；附着到支气管的时候会咳嗽；附着到咽喉的时候会感觉嗓子痛。

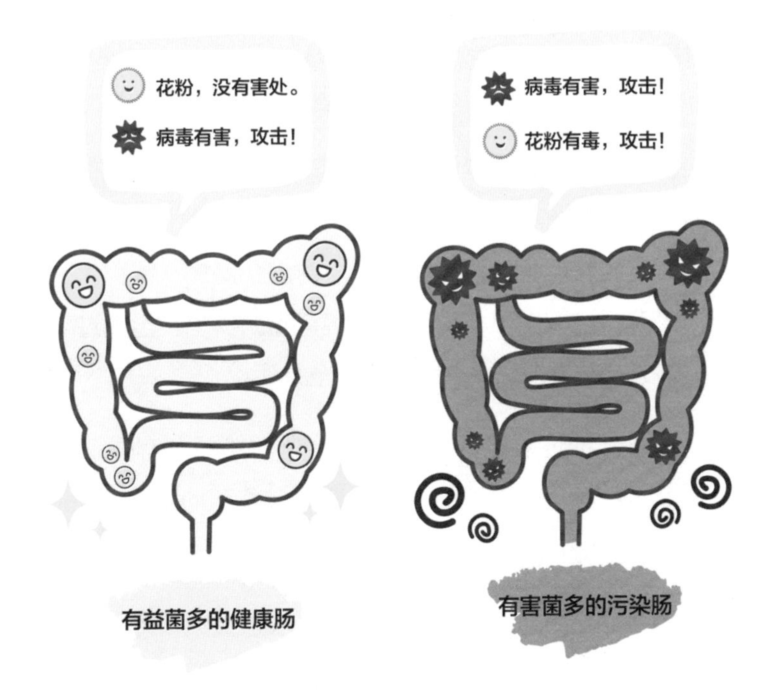

而且身体有“免疫记忆”的能力，打过一次仗的敌人会记住一辈子。当再次遇到杉树花粉时，身体还是会做出同样的反应。这就是由于免疫异常所引起的过敏症的过程。

简单说，就是免疫系统认错了“人”，不分好坏攻击错了目标，而且还记仇，每次遇到都会打。

花粉症只是过敏症发病的一个例子，如过敏性皮肤病、哮喘、食物过敏症等，各种各样的过敏症致病因其实都是一样的。

很有趣的是，这些过敏发生的位置不同，就出现了不同的名称。

比如：在眼睛和鼻黏膜发生了过敏反应，被称为“花粉症”；在支气管黏膜发生了过敏反应，黏膜处产生炎症引起强烈的咳嗽，被称为“过敏性哮喘”。在皮肤上发生了过敏症状，使皮肤产生炎症，引起强烈的皮肤瘙痒，被称作“湿疹”或者“过敏性皮肤病”。其实，肠黏膜也会出现过敏反应，会引发黏膜炎症导致腹泻或者全身症状。

任何一种过敏症都会让人很难受。然而，有过敏症的人，很容易从一个过敏引发其他新的过敏症的出现。

比如患有花粉过敏症的人，生活习惯如果不加以改善，肠内环境便得不到改善，也有可能突然患上皮肤病；或者患有皮肤病的人也有可能连带性地出现哮喘这样的连锁反应。

改善过敏症的治疗方法，如今大多使用抗生素类药物对症状进行一时的抑制，但却不能从根本上解决致病因，也就是说同样的过敏反应基本上是会半永久性反复发作。

虽然症状能短暂减轻，却无法改变引起T细胞判断错误的免疫异常，以后遭遇同样特定的“异物”入侵时，还是会反复发生同样的过敏症状。

治疗过敏症的关键，是要解决造成免疫异常的“肠污染”，这样就能缓解和治愈疾病。

二、身体慢性炎症

大量持续地摄取高蛋白食物，会使大肠内特定的有害菌增殖，破坏肠内菌群环境。增殖的有害菌会产生大量的有毒腐败物质，使身体免疫力降低。

免疫细胞对从黏膜入侵的有毒物质进行攻击的时候，会在身体各处产生炎症。毒素进入血液引起的炎症如果一直持续，可能导致血糖持续偏高，这也是糖尿病致病的原因之一。

三、肥胖与糖尿病

很久以前，人类和动物为了获得每天生存所需的食物，度过了漫长而又艰苦的岁月。如今，我们却因为吃得太饱、太好导致肠内污染，引发肥胖、糖尿病、心脑血管等疾病，被代谢异常所困扰。

很多儿童从小就是小胖墩，成了体重超标大军中的一员。人们一直认为肥胖就是单纯的胖，只要控制饮食和加强运动，就可以瘦下来。因此很多人盲目减肥，不科学地强制节食，还乱吃减肥药，就这样反复折腾，最终把身体免疫系统打乱，造成了更加严重和复杂的身体问题。

在健康咨询中，我们经常遇到由于减肥不当导致胃肠功能失调、营养不良、免疫异常的患者。很多时候大家忽视了导致身体问题出现的根本原因，只想尽快解决眼前的问题。然而，改善体质、调理身体是急不得的，凡是能够速效改变的，其中都有相当大的风险，或者有副作用，或者会让身体产生负荷。

在不了解导致问题出现的原因的情况下，想赶紧瘦下来、走捷径，结果也许会付出一些意想不到的代价。

其实首先要摆正的是自己的心态。导致身体肥胖的原因也许是遗传，也许是后天饮食结构，这些都是肠内菌群结构的问题，而不是一周或一个月内短期就能解决的问题。病去如抽丝，改善体质这件事要比你把身体搞坏所花的时间更长。所以你现在着急有用吗？走捷径，可能会快速达到目的，但是不会长久地维持下去，这是身体的法则。

“日本肥胖学会”明确指出：在控制热量、增加运动量以外，肠内菌群还在预防肥胖以及慢性生活习惯病中起着关键性的作用。在目前的研究中，有近70%的肠内细菌无法人工培养，现在并没有确定到底哪一种菌是造成肥胖的直接原因。但是可以肯定的是，抑制肥胖的关键跟“短链脂肪酸”有关。

前面在讲“胖子菌”和“瘦子菌”的部分有提到“短链脂肪酸”，下面再具体讲一下“短链脂肪酸”与糖尿病的关系。

什么是“短链脂肪酸”？

我们吃的食物通过口腔进入消化器官后，身体会分泌出唾液、胃液、胆汁等消化液。食物主要在小肠内被吸收，不能够被小肠分解的食物会到达大肠。在大肠中会产生丙酸等物质，这些总称为“短链脂肪酸”。大肠产生的短链脂肪酸大多在大肠内被吸收，作为能量源被身体利用。

肠内菌群从消化酶无法消化的碳水化合物中产生“短链脂肪酸”。“受体”在细胞表面与特定的物质结合，就像打开了某个开关一样，可以使细胞活性化，也可以抑制某些活性，释放出信息传达物质。

在细胞表面能够与“短链脂肪酸”结合的受体有几种，其中与能量产生“消耗”，和“肥胖”有关的有两种：GPR41和GPR43（东京农工大学的木村郁夫博士发表过这项研究成果）。

GPR41可以活跃交感神经，提高身体代谢能力。身体会增加能量去分解脂肪，增加荷尔蒙分泌，活跃交感神经。增加身体热量的消耗，可以防止体内多余脂肪的存积，预防肥胖。

GPR43与糖尿病有关。GPR43与细胞受体结合后，可以促进消化器官荷尔蒙的分泌，促进胰脏分泌胰岛素。胰岛素有降血糖的作用，糖尿病会让人的胰岛素减少，或者胰岛素不能正常分泌，这样血糖就很难下降。如果糖尿病重症化，就需要注射胰岛素。

研究人员在实验中，让体内没有GPR43的小白鼠进食高脂肪食物后，小白鼠体重增加，胰岛素作用降低，出现糖尿病症状。而肠内产生的“短锁脂肪酸”与GPR43结合后，会对肥胖和糖尿病有预防和改善的作用。

过度节食导致营养不良，或者饮食结构中膳食纤维摄取量不足，大肠受污染产生大量有毒化学物质和有害气体。肠污染的情况下，“短链脂肪酸”就无法产生，也就不能与GPR 41和GPR 43结合。于是身体热量代谢降低，体内开始积存多余的脂肪，身体会越来越胖，也会引发糖尿病等慢性疾病。**这个问题其实归根结底还是“吃出来的问题”**。

2020年，在针对全国糖尿病人的调查中，2型糖尿病的患病率呈爆发式增长。**目前中国糖尿病患病率已高达总人口数的11.2%，其中2型糖尿病患者占90%以上**。而且随着时间的推移，糖尿病患者的数量还在不断增加。

我们通过调节肠内菌群，能够更好地预防和治疗糖尿病，这是研究者的期待与目标。

四、肠污染与糖尿病

中国现在大约每十几个人中就有一个是糖尿病患者，糖尿病已经成为高发疾病，其并发症“神经病变”“视网膜病变”“肾病”的发病率是非常高的。糖尿病患者可能一生都要控制饮食，在坚持运动和打针吃药中度过。

“糖尿病”是一种怎样的疾病?

葡萄糖是细胞的能量来源，如果细胞不能正常利用葡萄糖，多余的葡萄糖会使血液中糖的浓度加大，排出的尿液中便含有葡萄糖，“糖尿病”的名称因此而来。

身体细胞不能直接利用葡萄糖，而是通过胰脏分泌出来的特殊荷尔蒙——“胰岛素”来转化葡萄糖，以便被身体细胞利用。

胰岛素不足的程度分为：

1. 绝对性的不足；

2. 细胞功能降低导致不足。

因此糖尿病也分为“1型糖尿病”和“2型糖尿病”。

“1型糖尿病”和“2型糖尿病”的根本区别在于：“1型糖尿病”的胰岛β细胞绝大部分已被破坏，几乎不能分泌胰岛素，遗传原因较大，发病人群也多为35岁以下，年少时发病很多；“2型糖尿病”的胰岛β细胞尚有部分功能，仍可分泌一定量的胰岛素。

换种形象的说法：身体的每个细胞都有一个门，门上有锁，葡萄糖不能直接进入门里，需要用胰岛素这把钥匙打开这道门。但是由于某种原因，门上的锁出了问题，钥匙也不好用了，无法打开门，葡萄糖便无法进入门里。医学上称为“胰岛素抵抗”。这样状态持续的话，血液中的葡萄糖会持续增多，导致糖尿病发病。

“2型糖尿病”大多在50岁左右发病，占糖尿病患者总数的90%。除遗传原因外，营养过剩、肥胖、运动不足、肠内环境长期紊乱、脂肪细胞慢性炎症等，都能够让细胞的门锁出现异常，出现胰岛素抵抗。

2014年，日本顺天堂大学医院研究团队在对日本2型糖尿病患者的调查中发现：2型糖尿病与肠内菌群紊乱有很大关联；而1型糖尿病与生活习惯无关，也不一定是肥胖体型。

日本弘前大学医学研究科、东京大学医学科学研究所也对“内脏脂肪”与“肠内菌群”进行过研究。研究成果发表在科学期刊《npj Biofilms and Microbiomes》上，并于2019年在欧洲肥胖学会（EASO）年度学术会议上发表。

五、糖尿病可怕的并发症

糖尿病最初是没有症状的，患者一般很少有所察觉。病症在无感状态下发展，这是糖尿病并发症治疗的难点，也是最可怕之处。现在正在被糖尿病病痛折磨的人，都是因为并发症的发病造成的，如果并发症没有发病，其实糖尿病患者跟正常人在生活上没有什么区别。

简单给大家讲一下糖尿病最具代表性的三大并发症。

第一个并发症：糖尿病神经病变

神经病变是最早出现的并发症，在糖尿病发病5年左右渐渐表现出来。大概分为“感觉神经系统方面”和“自主神经系统方面”两大类。

糖尿病的特征是手脚麻木和疼痛，有刺痛感，特别是脚尖末梢容易麻痹，也可能在全身各处出现这种症状。患者在晚上睡觉和安静的时候症状会比较明显，而且会反复发作，也会出现脚抽筋或者有刺痛感。如果是重症患者，则会出现走路困难、生活障碍，生活质量降低。

自主神经系统的症状表现在全身性的消化系统异常，导致腹泻、便秘，或者血压无法调控，男性可能会有勃起障碍，其他还有头痛、腹痛、眩晕等症状。

神经病变症状表现出来之前，病情就在一点点地发展了。神经纤维受损便感觉不到疼痛，严重时也会致命。

第二个并发症：糖尿病视网膜病变

糖尿病视网膜病变是眼底的毛细血管处出现的血瘤破裂后形成斑点，即使自己感觉不到，在身体检查中也可以看到眼底出血。为了给视网膜输送养分，身体会生成新的毛细血管，而这些新生的毛细血管又破裂出血的话，会导致视网膜剥离，以至失明。患者会感觉到视力急剧下降。

糖尿病发病后大概5~7年会出现视网膜病变，如果患者本身有高血糖加上高血压的话，会更容易出现此症状，饮酒和吸烟也是恶化的原因。虽然在每一个阶段都有相应的治疗方法，但如果错过了初期治疗，视力就很难恢复如初。**一定要早发现早治疗，防止恶化才是最好的治疗方法**。

除了视网膜病变以外，糖尿病还容易引起白内障、青光眼等视力障碍，如果放任不管的话会有失明的危险。现在成人失明的第一个原因主要就是糖尿病视网膜病变。定期对眼底进行检查并控制血糖是糖尿病人最重要的日常保健项目。

第三个并发症：糖尿病肾病

糖尿病肾病是并发症中最为严重的疾病。如果血糖值持续偏高，会使肾脏的毛细血管受到破坏，而其一旦被破坏，就无法恢复。

肾脏是过滤血液、清除有害物质和身体代谢物的脏器，如果不能正常工作，会出现“肾脏功能衰退”“尿毒症”。如果再继续恶化下去，肾脏便完全失去了过滤血液的功能，就只能靠人工透析维持生命。现在人工透析导入后的预期效果并不理想，如果等到身体状态很差时才透析，则生命可能仅能维持5~10年。

糖尿病可以说是高血糖引起的血液和血管的疾病，所以只要有血液和血管的地方都有可能出现并发症。

以上三大并发症主要从毛细血管阻塞、破裂开始，到动脉的粗血管产生症状，引发动脉硬化、心绞痛、心肌梗死、心律不齐、脑卒中等后遗症，严重时甚至会引起致命的并发症。

如果“神经病变”和“血管病变”同时发作，脚趾会出现“坏疽”溃烂。**糖尿病最可怕的是并发症，为了防止糖尿病并发症发病，尽早有效地预防是最好的办法**。

六、糖尿病患者病情为什么容易恶化

糖尿病患者的免疫功能会减弱，比如：感冒很容易发展成支气管肺炎；膀胱炎很容易发展为肾盂肾炎；容易得牙周病；一旦伤口感染，便容易恶化。

高血糖使白细胞的杀菌能力减弱。**高糖还给细菌和病毒提供了适应它们繁殖的环境**。**白细胞与细菌和病毒战斗的时候血液循环变慢，这对自身免疫更是雪上加霜**。

糖尿病的并发症单独哪一个都是很可怕的，如果身体免疫力降低，这些并发症与其他疾病同时出现，则病情就会变得更为复杂。糖尿病加上免疫力降低，等同全身血管和神经出现慢性炎症，身体疲劳、精神不振、免疫力下降，会加速并发症的发展。

糖尿病患者第一是要控制血糖，第二是要保持平衡稳定的免疫力。比如在进行饮食疗法和运动疗法的同时，着重改善肠内菌群，努力增加肠内有益菌，减轻精神压力，保持充足的睡眠。

七、肠污染与心脑血管疾病

心脑血管疾病一般症状的表现为高脂血症、高血压、动脉硬化、心肌梗死、脑卒中等。

肉和乳制品中含有大量的脂肪，持续大量摄取会使身体出现各种问题。以十二指肠为首的小肠分泌的物质能将脂肪分解成非常小的分子。然而，脂肪的分子比毛细血管大，无法进入毛细血管，它首先会进入毛细淋巴管，通过淋巴管最终在锁骨下方的静脉血管处汇合。脂肪在这里进入血液，被输送到全身各处的细胞也包括身体末梢血管和毛细血管。

脂肪的分子非常柔软，只要进入血液，血流和血压的力量就会使之变形，它们会随着血液循环流入毛细血管当中。而这种大量的脂肪分子融入血液的状态就是高脂血症。这时血流就不能轻易推动脂肪分子移动了，“管道堵塞”的情况，会在毛细血管的各处出现。

前面我们也有讲过：脂肪有强烈的黏着性，如果大量进入血液中，血液的黏着性便会增强，血液就会变得黏稠。如果放任不管，动脉的血管内壁也会积存脂肪，动脉血管会变硬，这就是我们所知道的“动脉硬化”。再继续发展，堆积扩大的话会阻塞血管，导致“血栓”。

而一旦形成血栓，首先会影响这个血管向前方细胞输送养分。氧气和营养素不能及时输送的话，很多细胞会死亡。如果血栓在心脏附近的血管内发生，一段时间后，心脏的肌肉细胞会坏死，引起“心肌梗死”。如果血栓在向脑输送血液的动脉内发生，血流就无法流向脑细胞，出现“脑卒中”。如果脑的血管有破裂，便是我们所说的“脑出血”。

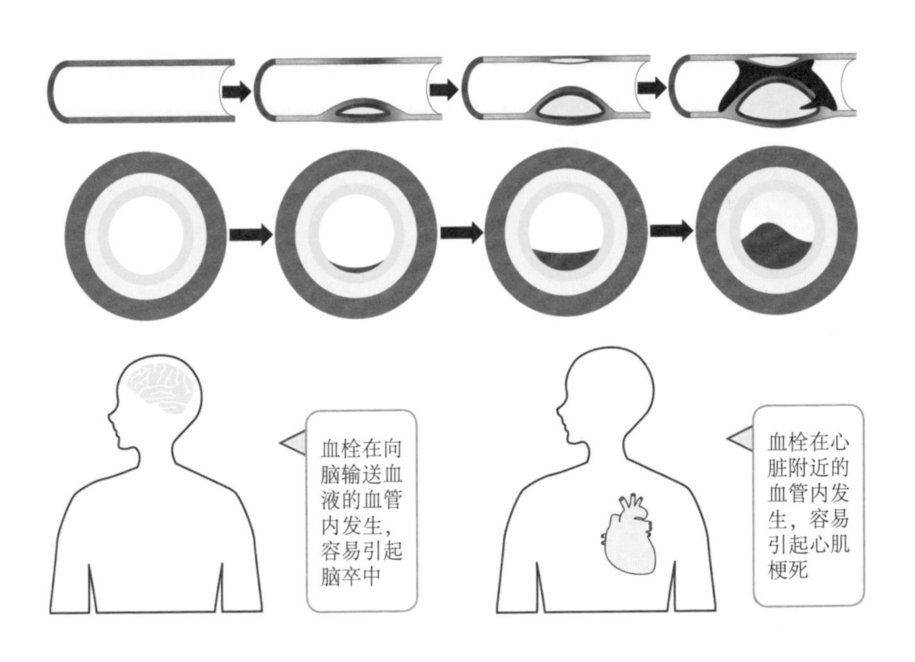

八、肠污染与大肠疾病

与小肠相同，大肠黏膜是非常敏感细腻的。持续、大量地摄取肉类、乳制品、糖质，小肠无法消化吸收的食物全部流向大肠，会产生大量有毒气体和有毒物质。这些毒素直接攻击大肠黏膜，使大肠黏膜产生严重的炎症并伴随出血，这就是“溃疡性结直肠炎”。

这样的炎症如果发展下去，会使黏膜细胞自身产生异常。小肠没有消化完的动物性蛋白质，是有害菌最好的食物。有害菌繁殖大量的致癌物质，直接对黏膜细胞造成伤害，引发结直肠癌。

大肠污染会导致慢性便秘，便在大肠各处滞留，特别是大肠的后半部分，也就是降结肠、乙状结肠和直肠处积存，因为水分被吸收，便会变硬更难排出。便在滞留的时候会产生腐败有害毒素和有害气体。大肠后半部分的黏膜持续受到强烈刺激很容易产生癌细胞，在结直肠癌的患者中，乙状结肠癌和直肠癌的患者数量是非常多的。

九、肠污染与更年期

如果你经常感觉头重、疲惫、身体不适，去医院检查却没有发现异常。那在中医来看就属于“未病”，这是疾病前兆的表现。很多时候会被确诊为“自主神经紊乱”。

很多女性更年期出现了很多症状，有人认为是“到这个年龄了，是更年期阶段，过一段时间就会自然好了”。

这样说得很简单，但是单纯觉得是到了这个年龄的正常问题，忍耐一时就过去的话，这个过程真的是很难熬的。

医生会开一些调节神经的药物，如头痛药、安眠药等进行辅助治疗。

更年期雌激素减少引起很多更年期症状出现

更年期症状的出现是由于身体中雌激素减少造成的。肠内可以合成一种酶，来代替雌激素的存在，缓解更年期症状。**身体中的一种A物质转换成B物质，需要某种酶做介质，生成这种介质的就是“肠内菌群”**。而这种酶生成时间漫长，不是一朝一夕就可以制造出来的，需要2~3年时间由“肠内菌群”慢慢培养出来。

更年期症状男、女都有。大家可能认为更年期在50岁左右到来，其实在50岁的前后5年身体都处在变化期，也就是说在45~55岁。**从40~42岁开始就要重视肠内菌群的调理与改善，做一个好的积累，平安度过更年期**。

不要把更年期当成只是年龄到了的必然状态而长时间忍耐不适。要知道，精神压力对肠也会造成坏的影响，使肠内环境更加恶化。改变饮食习惯和生活习惯，重视肠内环境的管理，在人生每一个阶段都是必要的。

肠内合成一种酶

转换

B 物质

缓解更年期症状

总结	男性女性都有更年期，在 45~55 岁， 肠内菌群生成这种酶需要 2~3 年， 提前保持良好的肠内环境顺利度过更年期。

十、阿尔茨海默病和帕金森综合征

肠内菌群制造让人放松和提高幸福感的血清素、多巴胺等脑内荷尔蒙物质。肠内状态不稳定时，会对脑造成压力，产生灼热感，血液循环不良从而引起异常。而“阿尔茨海默病”发病的原因可能是“脑萎缩”。

认知障碍不一定都跟肠有关，一部分是单纯的脑障碍引起的，而阿尔茨海默病与肠的关系是不可否认的。医生在按压阿尔茨海默病患者腹部时，可以明显感觉到其小肠中空肠部分有强烈的颤动，神经有不安定的感觉。

医学上帕金森综合征发病的原因并没有确定。帕金森综合征有手足颤抖、僵直不受控制、情绪低落等各种症状表现。同样，医生在按压患者腹部时发现，空肠部分有强烈的颤动、肠肌肉痉挛，处于肠内环境紊乱状态。患者在进行一年以上改善肠内环境的调理后，便可以一个人走路，身体状况得到很大程度的恢复。

当然，在阿尔茨海默病和帕金森综合征的治疗中，一方面是对脑的治疗，另一方面便是对肠的调理。每个人的情况不同，有些患者在便秘改善以后症状就得到了很大缓解，有些患者则是肠内血液循环改善以后情况好转。

十一、肠污染与痛风

“痛风”是脚趾根部或者脚脖、膝盖等关节产生炎症。很多人说有种“只要风吹过就觉得剧痛”的感觉，这是一种非常痛苦的现代疾病。

痛风发病的原因主要在于不良饮食习惯、饮酒和运动不足等，大多发生在中年人身上，也被称为“富贵病”。近年来在20~30岁的年轻人身上，痛风发病人数也在急剧增加。

痛风发病的具体原因，主要是食物中含有的“布丁体”产生“尿酸”这种物质。

很多人知道这个名称，“尿酸”在血液中的含量就是检测报告中的“尿酸值”。大量食用含有“布丁体”的食物，特别是常吃猪肝、鱼白，或常喝啤酒的人，尿酸值都容易偏高。

如果放任不管，尿酸长期积存在人体内会形成“高尿酸血症”，尿酸会在关节处结成像玻璃一样尖锐的结晶，这些结晶会刺到关节内部组织，产生剧痛，难以忍耐。

人体内大量积存的尿酸需要从排泄器官排出体外。一直以来人们认为是从肾脏排出，其实近年来的研究发现，尿酸不仅是从肾脏排出，还从大肠随着粪便一起排出体外。

如果经常食用高热量、高蛋白质的食物，饮食习惯不规律，造成大肠污染，便会导致便秘。排泄功能降低也是导致痛风发病的一个重要原因。

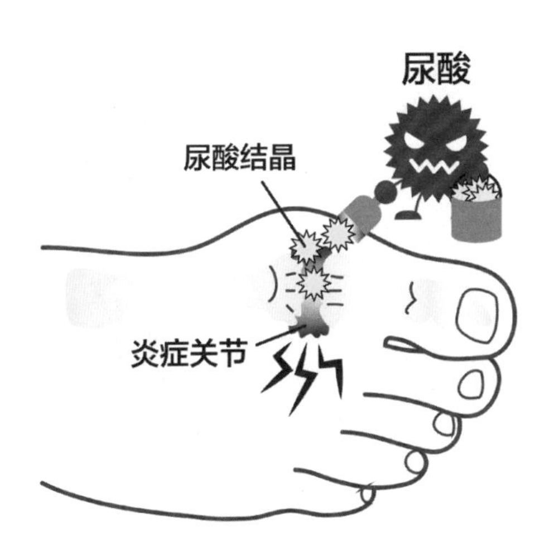

第十一章

CHAPTER 11

重要性预防医学的

Intestinal FLORA and IMMUNITY

一、为自己的健康负责

二、怎样做才能预防疾病

一、为自己的健康负责

日本是抗癌三十年的国家，可每年依然有三分之一的癌症患者失去生命。

日本有着先进的仪器、先进的技术，在对癌症的治疗上，会首先分析病人的基因中有哪些脱氧核糖核酸（DNA）变异，再根据DNA的不同，匹配不同的药物。对于治疗癌症，日本有详细的分类和临床数据。

然而，这些变异DNA一项检查的费用就需要花费2万日元（约1 300元人民币）。而这样的检测如同大海捞针，检测到了就能找到适合的药物，检测不到就继续花钱检测，这也是一个很无奈的现实。

在对结直肠癌和肺癌的治疗中，医生会使用阿瓦斯汀抗体，患者每年需要支付约1 200万日元（约78万元人民币）的费用，但是最终无一例外地还是会出现病情“复发”。每延长10个月的生命便要花费1 000万日元（约65万元人民币）。医疗的发展，让患者的寿命被延长。

在肝癌的治疗中，如果医生在患者的患病部位上直接使用抗癌剂的话，患者可以维持半年左右的健康状态。

结直肠癌患者中有10%的人先通过癌症缩小治疗，之后再进行集中治疗，这样可以维持5年左右的健康状态（参考东京理科大学生命医学研究院院长江角浩安博士演说）。

所有的药物都伴随着一定的副作用。如今用于心肌梗死的药物成分中80%是对肝脏有伤害的。为了治疗一种疾病而服用药物，但是其副作用却造成肝脏功能障碍，这样的情况数不胜数。

人体内每天都有5 000~6 000个癌细胞生成，如果免疫系统正常工作，这些癌细胞便会被清除，不会患癌症。可是，如果免疫系统不能正常工作，那么患癌症的概率就大大增加了（前面介绍人体免疫的时候详细讲解过）。也就是说，癌症离我们并不遥远，我们每个人的体内每天都会产生癌细胞，只是发病与不发病的区别。

除遗传原因外，发病的决定权很大程度上取决于我们的日常生活习惯与饮食习惯。有人说，“你吃的东西造就了现在的你”，其实就是这个意思。日本把慢性疾病统一称为“生活习惯病”。

不健康的饮食习惯，可以吃出高脂血症，吃出肥胖症，吃出高胆固醇，吃出心脏病，吃出癌症……现在很多疾病都是吃出来的。再往下想，吃出来的问题，就是不良饮食习惯破坏了肠内菌群结构，减少了有益菌，增加了有害菌，破坏了人类与生俱来的免疫功能。

有害菌在人体内制造出毒素和致癌物质，随着血液循环蔓延全身，导致了身体各处出现慢性炎症、基因突变，最终导致疾病的发生。

我在日本从事健康事业近二十年，曾经给日本医学最前沿的“集中出版社”（主要为相关医院出版最新书籍、访谈、论文报告等）撰写关于基因方面的文献、解说、检查方式等约18万字，并曾在日本各大医院、癌症研究中心等地与权威医学博士共同工作过。

在医疗现场，我目睹过患者真实的痛苦与煎熬，能够体会到陪同他们治病的家人的心酸。很多人拿出一生的积蓄来治病。药物的副作用、长期的精神疲惫，让患者承受着生活和病痛的双重折磨。

然而遗憾的是，即使承受这些痛苦，疾病也没有得到治愈。这些是现代医疗的现状，没有亲眼见到或者亲身体会，是无法真正理解的。

2019年，全中国的门诊接诊人数约86亿人（次），仅华西医院每天的门诊量就达到15 000~25 000人（次）。得了病，治病花的钱就像投入了无底洞。在一般的治疗中，80%的钱用于临终抢救，但是这个治疗效果是很差的，让病人痛苦不堪。

现代医学虽然已经攻克了很多病症，但并不能完全治愈所有的疾病，有些患者也得不到有效救助。患者发病时大多已经为时已晚，昂贵的医疗费只能换来有限的时间，而即使用钱换来了生命，患者却已经无法再享受生活，只能痛苦地在病床上煎熬着，让家人担心与痛心……

我们为什么不能在疾病发生以前更重视预防呢？！

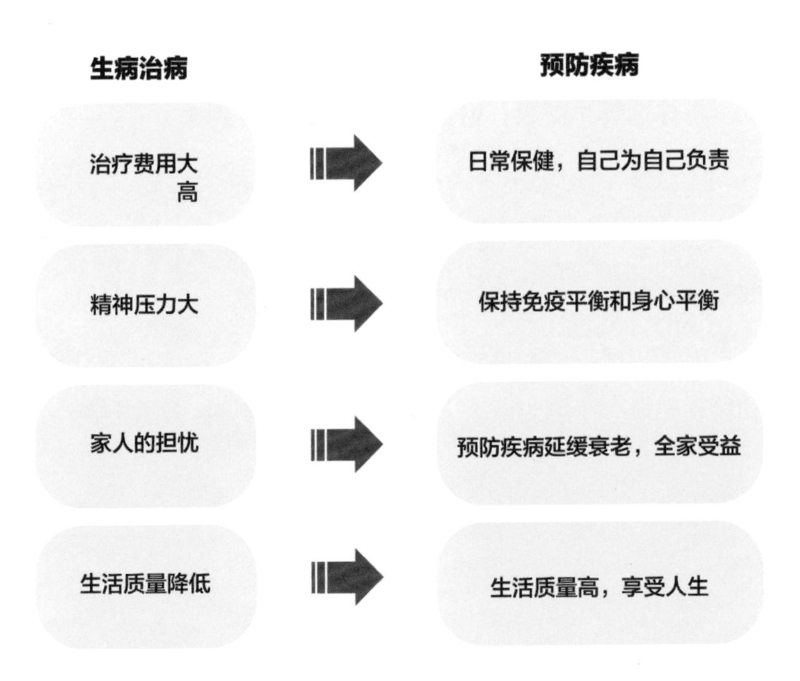

预防疾病比治疗更重要，为自己和家人的健康负责

如果早一点知道预防的重要性，就能早点行动起来改变原有不健康的观念和对健康不利的饮食习惯、生活习惯，早一点跟自己的身体交流。

脑袋里想要的未必就是你真正需要的。“扪肠自问”一下，问问你的肠和内脏，每一个细胞是不是真正需要。

把抢救费用平均花在平时对身体的保养上，可以保养二十年。试想一下，这样的话，你的身体会是什么状态？免疫力会是什么状态？也许不必生病，家人不用担忧，生活会变得不同。

当你选择了健康，财富和幸福都会跟着到来。

能够看到这本书的朋友们，希望大家不要轻易觉得“生病了，去医院治疗就可以解决”，或者“有病吃药就能好”，这样等你真正生病了就会后悔莫及。

生活习惯形成的慢性疾病，首先需要我们改变生活习惯和饮食习惯。了解为什么会生病，才能知道怎么预防疾病。

预防疾病永远比治疗疾病更重要。

二、怎样做才能预防疾病

现代社会，网络上和书籍中到处都在宣传健康类的百科知识，那么，到底怎样做才能预防疾病？至今也没有明确的准则。大多数的健康知识，我们无法分辨是否管用，或者很难长期坚持。

其实健康的习惯不需要那么复杂，保持基础的饮食平衡，注意保证肠内菌群的健康，要理解预防大于治疗的道理。把健康放在第一位，在饮食上选择对肠内菌群有益的食物，一定要努力坚持下去。

现代人的饮食很不健康，含有食品添加剂的美食总是很有诱惑力。如果不能在生活中100%避免的话，就需要在身体天平失衡前及时做出调整，时刻以提高“代谢毒素的能力”“增加肠内有益菌”“强化免疫”等为目的来调整自身状态。

修正生活和饮食习惯，停止在体内制造毒素，提高自身免疫力，这才是保持身体健康和预防疾病的根本。在历史的长河中，菌的起源早于人类的起源，菌与人类共存。人体内100万亿个肠内菌中一定有健康长寿的奥秘。

第十二章 CHAPTER 12

肠内环境健康的如何保持

一、时刻感觉肠，调整生活方式

二、跟喜欢的人开心地吃饭

三、清除大肠污染的方法

四、万能开胃菜：甘蓝蘸酱

五、水溶性和不溶性膳食纤维的摄取比例

六、少吃或不吃含有添加剂的食品

七、留意食品原材料说明

八、健康减肥很重要

九、肠内菌群形成的关键在幼儿时期

十、洁癖症对健康不利

十一、好习惯贵在坚持

十二、提高自身免疫力，远离药物副作用

十三、肠蠕动需要神经放松

十四、运动刺激肠蠕动

十五、增加肠内有益菌

十六、关于吃的原则

一、时刻感觉肠，调整生活方式

大家一起回忆一下前面讲的“肠内菌群”。

人体内有40万亿至60万亿个细胞，肠内菌却有100万亿个，肠内菌的数量比人体细胞还要多，总质量有1~2千克。它们色彩斑斓，就像人体内的花园一样，被称为“肠内菌群”。它们与我们的健康息息相关。

肠内菌群把人吃下的食物中的营养物质分解，变成容易吸收的状态。最近研究表明，它们可以制造出抑制炎症的物质。

我们身体很多疾病的发生都与肠内菌群的状态有一定的关联。要重视和维护肠内菌群的健康，尊重人和肠内菌群的“共生”关系，这样才能更好地让肠内菌群维护我们的健康。

肠内菌群喜欢膳食纤维和多糖类食物，所以我们在生活中要留意多吃含有膳食纤维和多糖类的食物。肠内细菌是我们眼睛看不到的微生物，它们跟我们一样，会吃食物，也会代谢。

一下子改变生活习惯是很难的事情，所以，我们首先要自省，然后用简单的心态来对待生活的改变。

能做到的尽量做；做不到的不勉强。

从自己注意到的问题开始，一点点改进。

肠是沉默的器官。平时我们感觉不到肠给我们发出的信号，而一旦发现肠出现问题时，大多已经为时已晚。最简单的方法是每天观察排便，从形状、颜色、气味来判断自身肠内状态。然后有意识地思考我们的饮食习惯和生活习惯，不断进行改善。

我们摄取的食物，要让它们吃进去时舒服，排出时顺畅，不停留、不积存在体内，不产生多余的有害物质，体内清爽是理想的状态。

懂得怎么做才能健康，也是我们获得健康的必修课。

自己的身体自己最清楚，多留意身体的细微变化，哪怕很小的变化也是身体给你的信号。读懂身体跟你说的是什么，才能给身体真正所需的回应。

二、跟喜欢的人开心地吃饭

吃饭时有个很重要的事情大家可能没有注意，就是"吃饭时的氛围"。在小白鼠的实验中我们发现，如果小白鼠进食时精神压力增大，那么维持其生命的免疫系统极有可能会发生异常。生命力顽强的小白鼠都会如此，何况我们感情丰富的人类。

古时候崇尚"食不言寝不语"。如今，一家人坐在一起吃饭时，大人容易趁机教育孩子，对孩子的学习成绩、最近的表现、生活状态等加以指责，说的人和听的人都会有精神压力，用这样的心情吃饭，对身体的伤害很大。

很多公司一边吃午餐一边开会，还有很多忙得不可开交的人，总是一边工作一边吃饭，这是紧张而有压力的状态。其实，人们吃饭的时间大多都在二十分钟以内，你需要暂时放下工作，把注意力集中到享受美食上来。

人们在喝酒应酬的时候，也会造成潜在的心理压力，使免疫力下降，身体出现过敏反应或者胃肠不适。吃饭时的心情、状态决定我们的健康与免疫。一定要记得开开心心吃饭，有情绪不要在饭桌上宣泄。

三、清除大肠污染的方法

你知道肠最喜欢的食物是什么？

排在第一位的就是富含膳食纤维的食物。

想要自己的大肠干净，首先要控制高蛋白质、高脂肪的肉类、乳制品的摄取，多吃富含膳食纤维的食物。**膳食纤维可以剥离、清扫附着在大肠黏膜上的脂肪，恢复大肠本身消化、吸收功能的同时，还能促进肠液正常分泌，预防便秘**。

膳食纤维也是肠内有益菌很好的食物，增加肠内有益菌，促进小肠消化，增加乳酸、乙酸，这些物质能都刺激大肠，促进有益菌生成的营养物质被吸收，同时还能刺激免疫细胞，提高肠道免疫功能。

肠内有益菌会产生乳酸、乙酸、酪酸，使大肠内保持弱酸性，抑制有害菌繁殖，减弱有害菌制造有害毒素的能力。

在日常饮食中，我们太容易吃到各种糖质很高的食物，例如白米、白面、意面、面包等主食，还有薯类、根菜等都含有糖分。糖质会增加体内的活性氧，使身体老化，污染肠内环境，增加过敏症的发作，降低免疫力。糖分摄取过多也是导致慢性动脉硬化、心肌梗死、脑卒中、阿尔茨海默病等多种疾病发生的主要元凶。现在的食物中过多使用糖、添加剂等调味品，它们会对肠内环境进行破坏，是血糖值升高的主要元凶。

但是我们不可能完全不吃主食，当然也很难做到。糖分过多的碳水化合物的弊端就是把膳食纤维都剔除了。我们可以稍微做改变，有意识地多增加膳食纤维的摄取。

比如：把白米换成糙米、五谷杂粮，多一些膳食纤维成分就更有营养；可以把白面换成玉米面、荞麦粉等带颜色的粗粮面，也可以掺着吃，会增加很多膳食纤维和维生素的摄取；面包也尽量选择全麦的黑面包或粗粮包；把精制的白糖换成未经反复提纯的植物多糖，就会避免全部糖质的吸收。

其实就是小小的改变，并不是很难做到，肠内环境就会发生改变，身体各方面都会感觉到变化。把精制的白色食物（白米、白面、白糖等）换成有颜色的食物。肠高兴了，我们就能得到“延年益寿”这个礼物。

食用油的选择

我们知道Omega-3和Omega-6是人体无法合成的"必需脂肪酸"，它们能够抑制炎症和强化免疫。亚麻籽油、紫苏油、青鱼油等都是很好的Omega-3油，虽然加热后容易酸化，但是拌菜生吃是非常健康的。这样Omega-3类"必需脂肪酸"就可以达到很好的平衡。

Omega-6油有：红花油、玉米油、大豆油、芝麻油等，这些油在日常生活中是常见的烹调用油。需要注意的是，如果过度摄取容易造成过敏症和炎症的发生。

建议Omega-3油和Omega-6油的使用比例在1:1到1:4之间最佳。饭店通常使用的是Omega-6油，我们在家里就尽量使用亚麻籽油或者紫苏油这样的Omega-3油来平衡摄取。

橄榄油属于Omega-9类油，不是身体的"必需脂肪酸"，但是对肠很好，因为可以加热且不易酸化，可以日常食用。

此外在糕点、零食、面包、速食品中大多会用到"人工黄油"，这是诱发身体炎症的油脂，解馋可以，别经常食用。

四、万能开胃菜：甘蓝蘸酱

几年前我们开始提倡的饭前一碟甘蓝（俗称“大头菜”）蘸酱作为开胃菜，收到了很多实践者的反馈。比如，“体重减轻8千克”“便秘改善了”“不容易感冒了”“肠内环境好了”等。80岁登上珠穆朗玛峰的日本人三浦雄一郎先生、世界最高龄的男高音歌唱家86岁的原田康夫等都是“肠内健康管理”的实践者。

“饭前甘蓝”有三个好处。首先，甘蓝是仅次于大蒜的提高免疫力的食物；其次，甘蓝富含不溶性膳食纤维和水溶性膳食纤维，对肠内菌群的活性化和清扫肠道有很好的帮助；再次，甘蓝是越嚼越甜的蔬菜，饭前吃甘蓝会刺激中枢神经产生饱的感觉，是防止暴饮暴食的好办法。

健康饮食“七分饱”，不管多好吃多有营养的食物，吃得太多超过了肠的消化吸收能力的话，反而会对免疫力有损害。饭前咀嚼甘蓝，分泌的唾液有帮助消化和抗酸化的作用。

发酵食品对肠也是很好的，如辣白菜、大酱、纳豆都是发酵食品。虽然现在

很多都是量产工艺，缺少了真正发酵食品的工序，但是也可以多选择食用这类食品。比如：甘蓝蘸酱吃。建议大家坚持两周，尝试食用这个开胃菜，观察胃肠的变化。

五、水溶性和不溶性膳食纤维的摄取比例

肠内菌群最喜欢的膳食纤维分为两种：不溶性膳食纤维和水溶性膳食纤维。

不溶性膳食纤维主要负责清除肠道内壁的垃圾，吸收水分增加排便量；**水溶性膳食纤维**黏着性强，在消化道内移动时间慢，所以会抑制空腹感，不容易感觉饿，还能带着二次胆汁酸这样的有害物质一起排出体外。

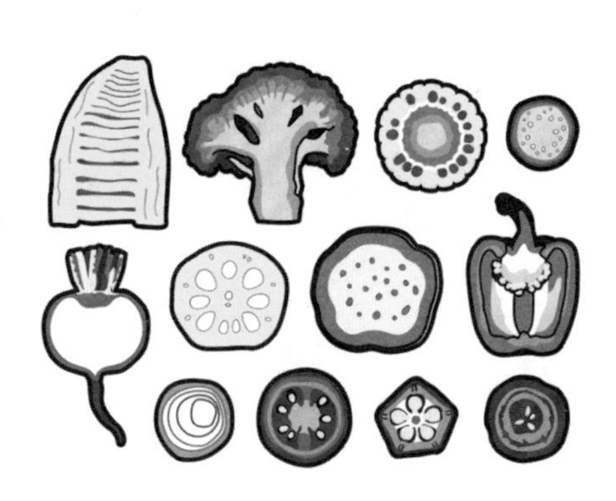

日本健康协会推荐，每人每天摄入350克蔬菜，尽可能选择种类和颜色搭配丰富的蔬菜。水溶性和不溶性的比例在2:3是最利于排便的。果蔬汁对于不爱吃菜的人来说是非常好的饮品，可以把水溶性和不溶性的果蔬混合

起来一起摄入。超市卖的果蔬汁、膳食纤维素等是经过加工的，虽然很容易喝下，但是会缺乏不溶性膳食纤维，所以还是要尽量从多样食品中来摄取膳食纤维。

我们吃蔬菜、水果，不仅能从中摄取膳食纤维，还能同时补充维生素和矿物质。下面这些食物中就含有丰富的膳食纤维和营养素。

谷　类	玄米、小米等五谷杂粮
薯　类	豆薯（地瓜）、芋头等
豆　类	大豆、红小豆等
蔬　菜	南瓜、胡萝卜、牛蒡、萝卜、莲藕等
菌　类	香菇、木耳、鸡腿蘑、金针菇等
海藻类	海带、紫菜、海藻等
干　货	干蘑菇、干木耳、干萝卜丝、干豆角丝、干茄子片等
坚　果	杏仁、腰果、花生、核桃等。
水　果	苹果、香蕉等。

这些食物可以随意搭配，让水溶性和不溶性膳食纤维按照2:3比例摄取，这样更有利于肠内菌群的健康，净化肠内环境。

六、少吃或不吃含有添加剂的食品

有的外卖食物中含有很多食品添加剂，对肠内环境是有刺激的，其中也含有很多对身体有害的化学物质。

现在很多人没时间或者图省事，经常吃快餐、外卖。外面做的加工食品为了抓住消费者的味觉，让大家觉得第一口就好吃，便会减少膳食纤维，选择使用精度高的碳水化合物，大多是糖分、油脂多的食品。

经常在外面吃饭的人，看起来摄取了足够的热量，但是肠内菌群却在渐渐衰弱。

长时间不良饮食积累，身体会出现各种问题。很多年轻人离开家独自在外求学、工作，尤为喜欢点外卖，日积月累身体便会存积毒素，会发生过敏症、口臭、胃炎，严重的还会出现内脏问题和血液问题。

减少摄取含有添加剂的食物，尽量少吃外卖食品，多使用天然的食物自己做料理。这不仅是对大人，对孩子也是最保障、最健康的饮食方式。

七、留意食品原材料说明

大家要养成看加工食品的包装背面原材料栏的习惯，因为上面除了标有营养成分之外，还注明了食品添加剂的种类，有些加工食品甚至还含有人工甜味料、乳化剂。

下面我们详细解析一下这些食品添加剂：

亚硝酸盐——能产生致癌物质，在培根、红肠、加工的鱼子食品中，为了增加食品的颜色而多有使用。正常食用量计算公式为

0.06毫克×体重（千克）=每天最多食用量

在这个范围内基本不会有太大问题。对比自己的体重，乘以0.06就可以计算出自己每天吃多少是安全范围了。1千克培根或者红肠，最多规定使用70毫克亚硝酸盐，那么我们随意吃100克培根或者红肠的含量就有7毫克了。

苯甲酸钠——是大多数加工食品和清凉饮料都广泛使用的一种水溶性防腐添加剂。如果过量服用会出现呕吐、

意识障碍等症状。

阿斯巴甜——是一种甜味剂。它具有高于蔗糖100~200倍的甜味，热量却跟糖接近，是一种经常使用的食品添加剂。对于喜欢果冻、巧克力和口香糖的节食者和糖尿病患者来说，它是一种很好的食品添加剂。然而，它会对人的神经系统造成严重损害，可能会增加患帕金森综合征的风险。

这种甜味添加剂广泛用于“无卡路里甜味剂”，但是它绝不是一种健康的食品添加剂。不要仅仅因为它的热量不高而过多食用。

焦糖色素——是多用于冰激凌、方便面、咖喱等的茶色食品添加剂。

焦糖色素有四种，其中三种是对身体有害的，也是使用最多的，过多食用有致癌的危险。食品原材料标注中没有标注使用的是哪一种焦糖色素，所以很难区分。

食品添加剂与肥胖症、糖尿病、阿尔茨海默病、肠炎、癌症等疾病有关。尽量养成查看原材料栏的习惯，尽可能控制或者远离食品添加剂。

八、健康减肥很重要

肠内菌群需要各种各样的食品，丰富饮食才是健康的基础。

“不吃什么”或者“只吃什么”这些使人偏食的减肥方法，会导致肠内菌群所需要的食物无法得到供应。特别是低糖质减肥，会快速而极端地减少肠内菌群所需要的膳食纤维和蔗糖等多糖类食物，导致人体免疫力降低，体内抑制炎症的物质减少，即使体重减轻，但却使免疫力降低、皮肤衰老，过敏症状恶化的可能性提高。

在来咨询我的患者中，有很多是因为不恰当的减肥方法，如乱吃减肥药等，导致胃肠损伤、肠功能紊乱、身体出现过敏和很多复杂的问题。而因为代谢功能受损，所以人不但没有瘦，还出现了其他身体问题。

真正健康的减肥，关键在于找到导致自己发胖的原因。不重视肠内菌群的减肥都是掩耳盗铃。之前我们讲过的“胖子菌”是导致肥胖的原因，可以再翻看一下，从根本上改变不良习惯，减肥就能事半功倍了。

身体就像是一个化学容器，你加了什么化学药剂，就能产生什么样的反应。吃进去的食物在我们身体内进行各种化学反应。我们只有懂得搭配，学会选择，心与肠相通地感受身体的细微变化，在生活中把肠内环境作为重点考虑，努力把肠内菌群调整为健康的黄金比例。同时适量运动让身体脂肪代谢，锻炼出肌肉，保持良好心情，这才是正确的减肥方法。

九、肠内菌群形成的关键在幼儿时期

还要再强调一下，孩子从出生到三岁为止，基本是决定肠内菌群质量的时期。

前面已经讲过，婴儿在母亲体内时是处于无菌状态，当他出生时会首先得到母亲的肠内菌群，之后会在生活环境中拾取各种菌来完善自己的肠内菌群。

正在备孕的女性朋友和已经在孕期的准妈妈们，一定要为孩子打下健康的基础，在孕期不仅要考虑营养的搭配，还要重视对肠内菌群的调理。这是给孩子的第一份大礼，这份礼物对孩子的一生都很重要。

孩子从出生到三岁，形成的体内菌群会决定他一生健康的基础。

不要认为孩子还小，不能像大人一样吃各种东西，调理肠胃没那么重要。

家长要从添加辅食起，就让孩子品尝各种食物的味道，让他们多尝试。不要因为家里饮食单一或者大人的喜好决定孩子吃什么不吃什么。让他们尝试多种食物的口感，体会食物的味道，酸、甜、苦、辣、咸，慢慢地尝试，这对他们日后不挑食、胃口好有很大帮助。

孩子肠内菌群紊乱会增加肥胖症、哮喘、过敏的发病率。食物的选择、搭配及膳食纤维的摄取，对肠内菌群十分重要。

成年人、小孩和老人，不管处于人生中的哪一个阶段都同样重要。从小养成健康平衡的饮食习惯，可以降低发病的概率。

十、洁癖症对健康不利

杀菌不如培养健康的菌群，太过干净的洁癖症对健康无益处。现在，各种除菌产品如厨房除菌、衣服除菌等非常流行。其实把周围环境里的菌清除干净不是好的防病方法，要把重点放到丰富肠内菌群，并用其来对抗引起疾病和感染的病毒上来。

就像吃同样的食物，一个人闹肚子，一个人没事。这就说明没事的人肠内菌群强大，免疫功能在起作用。在集体食物中毒事件中，有的人拉完肚子就好了，有的人却因此丧命，这说明人们肠内菌群状态不同，对抗病毒的能力也不同。

手上杀菌的消毒液不要用得太多，皮肤上的“肌肤常在菌”和“肠内常在菌”一样，如果都消灭掉，那么有害菌就会畅通无阻地肆意作恶了。

现在的传染病、感染性疾症猖獗，养成了大家消毒杀菌的习惯。但是要尽量控制消毒杀菌，没有必要过于频繁。时刻记住过度杀菌会破坏肠内菌群和免疫。如果是在不能避免的情况下，则更需要自己在强化肠内菌群方面下功夫了。

十一、好习惯贵在坚持

我们改善体质、调理肠内菌群的结构，短时间内是不会有什么显著改变的。需要有一定的时间，分阶段来调整，也需要细心地留意。

改善肠内菌群最关键的其实是“习惯”。短期内身体是不会发生什么突然的变化，最初要以三个月或半年为一个阶段，养成良好的习惯，之后按照这样的好习惯坚持下去就可以了，也算是一劳永逸的努力。

好习惯养成以后，以年为单位来调整肠内菌群，随时观察排便和身体的细节变化。

肠内菌群直接影响人的情绪变化，你可以仔细观察自己的情绪、睡眠、心情等的变化。渐渐地，你会发现很多意想不到的惊喜。

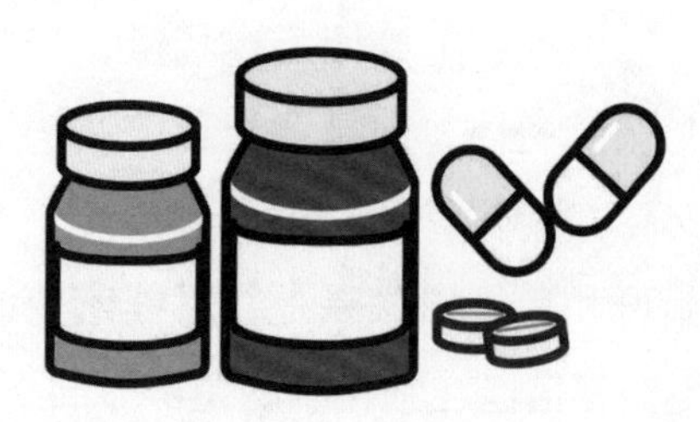

十二、提高自身免疫力，远离药物副作用

现在人们对药物的滥用很大程度上破坏了自身免疫力。抗生素对病原体有强力的速效性和杀菌性，连带人体自身的正常细胞也会被杀死。

例如癌症患者使用抗癌剂的同时，会使体力、免疫力快速降低，正常的细胞也被破坏了。药物当中的抗生素会杀死大量肠内菌群。如果用量过多或者频繁使用，有益菌和有害菌的平衡会被完全破坏，结果造成严重的身体问题，如营养障碍、免疫力低下、免疫异常等。

有些人便秘会吃泻药，一时间可能解决了排便困难问题，但如果经常如此的话，便秘症状必定比之前更严重。

发生便秘的原因极有可能是生活习惯和饮食习惯出现了问题，使肠内有益菌减少了，肠内环境被破坏了。

止痛药在服用上也要慎用。当然，紧急的时候也需要药物，但是不要轻易服用药物，自己要掌握好“度”。

在不得不使用抗生素的时候，一定要严格遵守使用量。

同时也可以补充乳酸菌食品，增加膳食纤维摄入，及时弥补被破坏的肠内有益菌，尽可能保持肠内健康的环境。

预防感冒，要多注意保持肠内菌群的平衡，这样才能使体内免疫系统活性化，提高防御能力。

十三、肠蠕动需要神经放松

增加肠内有益菌可以顺畅排出健康便，每天的排便还需要肠蠕动的帮助。蠕动运动会推动肠道中的便向一个方向移动，肠的平滑肌一边蠕动一边向肛门处运送便。

平滑肌受自主神经控制，不靠自己的意识运动。自主神经分为交感神经和副交感神经，人在紧张状态中交感神经活跃，休息状态时副交感神经活跃。

消化系统在副交感神经活跃的状态下活跃，所以保持消化系统的正常运动需要舒心、安心的放松时间。睡眠是放松的重要时间，夜晚不要熬夜好好睡觉，保证充足的睡眠，这个时候肠道蠕动活跃，积极运送便，早上就会顺畅地排便。

如果持续处于有压力的紧张状态之下，则交感神经一直在活跃，消化道的蠕动会受到影响，容易造成痉挛型便秘，排便时会排出兔子粪似的一段一段的细便。

大家有烦心事或者担心的事情时，尽量在睡觉前释放掉，用舒缓的情绪来迎接舒适的睡眠。

可以多用呼吸法和瑜伽来排解紧张情绪。听喜欢的音乐，闻让人放松的芳香，吃美食，适量运动，都能让人远离紧张，回归放松状态。

早上有便意的时候，马上去排便，不要错过时机，给早上留出足够的时间，慢慢开始美好的一天。

十四、运动刺激肠蠕动

运动不足也是导致便秘的原因之一，很多女性便秘就是因为缺乏运动。经常运动的人可以降低结直肠癌的发病率，也不容易便秘。肠周围的肌肉活动起来，刺激肠产生蠕动。而肌肉得到锻炼，可以提升腹压增强排出力。肠的前面是腹肌，后面是髂腰肌。腹肌是保持姿态的肌肉，可以通过运动增强，坚持腹肌运动是非常好的生活习惯。髂腰肌是身体深层的肌肉，是腰大肌和髂肌的总称，与抬腿动作有关，髂腰肌衰弱的话会有抬不起腿的感觉。因此，日常要多锻炼髂腰肌。

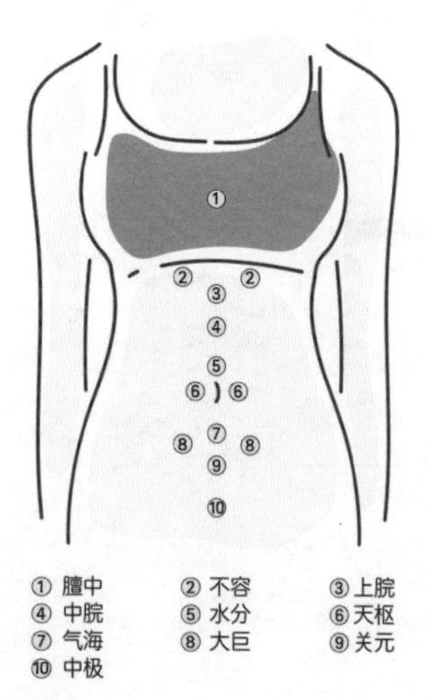

锻炼髂腰肌，光凭走平路是不行的。腿要有抬高的运动，比如上楼梯或者快速走、走上坡路等。不是要求多么累的运动，平时坚持每天都走上坡路、爬楼梯，就可以促进消化系统的运动。最好在身体活动开、体温升高之后快走，效果会更明显。也可以按照穴位图从上至下进行腹部按摩，力度适中，刺激肠蠕动提高肠功能。

十五、增加肠内有益菌

肠内菌群影响着人身体的健康、心态的平稳、寿命的延长和保持年轻状态等，肠还是身体最大的免疫器官，免疫力的高低跟肠直接相关。在这本书中，我们也反复强调着，大家应该已经有了一定的理解和认识。改变体质，首先改善肠内菌群的结构是非常有效的方法。

健康的肠内菌群黄金比例是：有益菌占20%，有害菌占10%，中性菌占70%。实际上，现代人基本很少能达到这个标准。

增加有益菌的方法就是喂养、增殖我们自身的有益菌，这是最安全、最有效的。

专家建议，人们在日常生活中除了调整饮食结构、选择食物、调整情绪、适量运动以外，也可以添加能确切增加肠内有益菌的乳酸菌食品。在品种繁多的乳酸菌食品的选择中，也要留意区分“活性菌”和“灭活性菌”的选择，菌的属性、数量和作用原理的不同，决定着菌的作用也不同。

在日常生活中，很多发酵食品也是肠内菌群喜欢的食物。

常见的发酵食品有大酱、酱油、纳豆、腌制菜、辣白菜、榨菜、酸奶等，这些发酵食品中富含肠内菌群所需的微生物。但是如酸奶等食物中含有的是“活性菌”，“活性菌”经过胃酸消化会死掉，很少会到达肠内，即使到达，活的菌也会被身体免疫视为外来入侵而把它排出体外。我们也称它为“通过菌”，活性菌最多在体内停留7天就会被排出。

现在最新的科学研究成果证明了特殊加工的“灭活性乳酸菌”不受外界环境影响，也不受胃酸影响，能够到达肠内来喂养我们自身的有益菌，增殖自身有益菌数量。有些人认为:“活性菌有用，死菌体是不是没有用？”

其实，菌本身就是最好的食物，不管活性菌还是死菌体，都是肠内有益菌喜欢的食物，重点是安全、有效、持久。

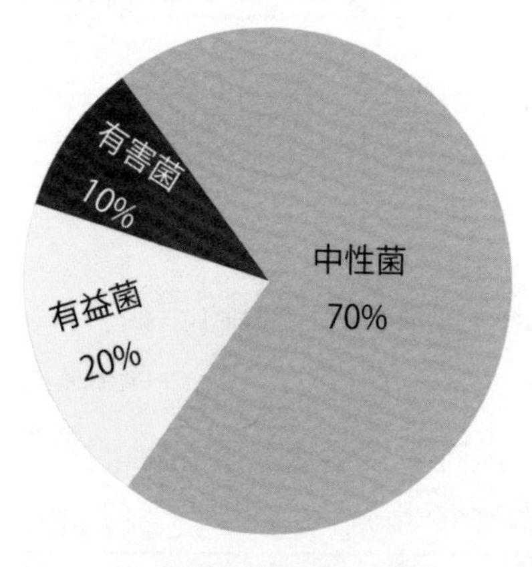

肠内菌群理想比例

死菌体相对更安全、稳定，在血管中行走的距离可以达到10万千米。对于提高免疫和改善身体慢性问题方面也优于活性菌。死菌体能够刺激小肠内的免疫系统，降低过敏症状的反应。这也是在改善肠内菌群研究领域内的重大突破。

十六、关于吃的原则

我们说了很多饮食习惯的重要性，纠正不良的饮食习惯有利于培养健康的肠内菌群，提高免疫力。下面具体跟大家说几个关于“吃”的原则。

第一条：早上起床后尽量晚点吃早饭

给身体一个排毒、清空的时间，太早进食会停止排毒清空的机会。

第二条：太累的时候可以不勉强吃东西

人在身体疲劳的时候，消化能力降低，食欲减退。听从身体的声音，身体真正感觉饿了的时候进食最好。

第三条：心情不好的时候也可以不要勉强吃东西

在生气、不安、难过等负面情绪发作的时候，消化能力也会降低。最好等这些负面情绪过去以后再进食，避免影响免疫系统工作。

第四条：睡前四小时不吃东西

胃里有食物未完全消化的时候去睡觉，会影响睡眠质量，无法保证优质的睡眠。睡前四小时不要进食。

第五条：吃饭时要集中注意力专注地吃

一边用脑一边吃饭的话，消化系统不能全力以赴地工作，会造成消化不良。脑不能休息的时候先不要进食，吃饭的时候要专注，活在当下，幸福感也会提高。

第六条：饭前饭后不马上洗澡或运动

饭前30分钟，饭后1小时，要避开洗澡或运动。此时血液大量流向肌肉，消化功能会降低，造成消化不良，影响吸收和排出。

第七条：饭前饭后不要喝太多水

饭前喝太多水会稀释消化液，使消化效率降低。不仅是吃饭的时候，饭前饭后也要注意不要过多喝水。

第八条：冰冷饮品尽量避免

胃里进入太多冰冷的食物和饮品时，温度会降低。胃肠最怕凉，凉会使其正常的蠕动停滞，会让血液循环速度降低，消化功能降低，胃肠功能降低，一定要控制冰冷饮品的摄入量。

第九条：吃饭时要细嚼慢咽

每一口最少咀嚼20下，让口腔充分分泌消化酶帮助消化，充分切碎食物，要对胃、小肠和大肠负责。

第十条：合理的营养搭配，吃饭七分饱

合理的营养搭配，一方面要考虑身体细胞所需营养素的搭配；另一方面要考虑100万亿个肠内菌中有益菌需要的食物（膳食纤维、乳酸菌食品，这些都是肠内有益菌喜欢的食物）。不要暴饮暴食，七分饱最好。

第十三章 CHAPTER 13

清除肠污染和『断食』『轻断食』

一、轻断食和断食的好处

二、断食要注意用科学的方法

三、空腹感打开生命力的开关

四、断食疗法的十大功效

五、少食和断食都需要循序渐进

一、轻断食和断食的好处

之前我们讲了很多关于改善“生活习惯病”也就是慢性疾病的方法，归根结底导致疾病发生的原因之一是“大肠的污染”。

生活习惯，实际上并不容易改变。现代人每天都很忙碌，总是离不开方便、快捷的快餐食品、外卖食品和有诱惑力的含有添加剂的食品。熬夜工作、玩乐，甚至精神压力也无法避免，也很难释放。这样的生活习惯如果放任下去，肯定是要出问题的。

那么，用什么办法能定期排除身体积存的毒素呢？

这里给大家介绍去除大肠污染的方法，就是从古流传至今的“断食疗法”。近几年这种疗法开始兴起，尤其是轻断食，简单操作就可以达到很好的效果。

野生动物在受伤、生病的时候，便不会进食，它们躲在巢穴中，安静地等待恢复。这是野生动物的本能，也是自然的治愈方法。

食物在消化、吸收过程中消耗的身体能量超过我们的想象。

野生动物在生病的时候，首先是不吃东西。断食，会把消化所需的能量集中到治愈、免疫、排毒上。生病的时候，除了服用药物外，不吃、不动地睡觉，是恢复健康的法则，这会活化生物体内在的自然治愈力。

其实现代人的很多做法都违背了自然规律。

从各种临床现象中，我总结出断食确实对大肠有净化的作用。另外，断食对“长寿基因”的活性化也有作用。

实际上，从医学的角度来看，限制进食量的断食疗法，能够让胃肠得到有效的休息。胃肠稍做休息便可以提高身体的基础代谢，预防肥胖和形成不容易胖的体质。调整肠内环境可以提高人体自身的解毒能力，对身体有净化效果。

二、断食要注意用科学的方法

不管是“断食”还是“轻断食”，都要注意不要用自己想的方法或者只是单纯不吃任何食物，那样有可能会破坏身体的营养平衡。

特别是月经不调、骨质疏松、心律不齐的人，断食有可能使情况恶化。一定要经过专家的指导再来进行断食操作。

断食是指不吃固体食物，可以食用果蔬汁（以黄、绿蔬菜为主），每天分多次慢慢一口一口喝下。

还可以食用些乳酸菌食品，这样能更好地提高断食的效果，趁机调整肠内环境。在断食前一天就要开始少吃，另外在断食后几天也要从泥状食物慢慢过渡，恢复到正常进食。

切忌断食以后马上恢复正常饮食，切忌暴饮暴食。

三、空腹感打开生命力的开关

空腹感会启动生命力的开关。

空腹感对身体来说也是一种危急状态，就像打开了身体的闹钟，开启了身体生命维持系统。

空腹感能够提高免疫力、自然治愈力、排毒能力，让白细胞等免疫细胞增殖。

全身细胞同时调动起来，催促细胞由内向外排毒，加速全身的新陈代谢。这是全身细胞级别的排毒，唤醒人的生命机能。

四、断食疗法的十大功效

- ☑ 改变体质
- ☑ 开启自我溶解
- ☑ 感觉到快乐
- ☑ 使基因活性化
- ☑ 改变能量的利用法
- ☑ 增强耐力
- ☑ 排出宿便
- ☑ 提高免疫力
- ☑ 排出环境毒素
- ☑ 减少活性酸素

适当地断食、空腹对身体有很多好处，断食排毒疗法也渐渐被更多人所理解。有着悠久历史的瑜伽，是最古老的身心科学，它所倡导的也是享受空腹感这样的观念。

断食期间，配合肠内菌群的调理，对于净化肠内污染，会达到事半功倍的改善效果。空腹状态是调整肠内菌群最好的时机，肠内有人体70%~80%的免疫细胞，当肠内菌群处于平衡的状态时，免疫细胞也会被强化，这样才有力量代谢血液中的脂肪和毒素，改善身体不健康的状态。

可以通过半日、一日、三日等阶段性断食来改变体质，提高免疫力。（具体重症者请咨询医生的意见）

五、少食和断食都需要循序渐进

很多人靠节食减肥，克制食欲，一是会有压力，二是一旦忍不住吃起来，体重反弹得也快。更严重的是，有的人吃了会吐出来，造成长期进食障碍。

少食对身体有好处，但是不要突然不吃，那样也很容易失败。首先要减少正常饮食以外的零食、间食。习惯以后慢慢减少晚饭量，晚上7~8点之前吃完晚饭。慢慢咀嚼，吃七分饱即可。

早上起床你要先喝一杯水，冲刷肠胃，开启美好的一天。每天找时间做腹肌和腰肌运动，这样也会加速血液循环，排出宿便，提高肠蠕动的能力。

很多时候我们因为吃得太多，吃进去的食物超过胃肠消化能力，消化不了的食物会堆积在肠内，成为宿便。

少食、七分饱的饮食习惯会使食物得到充分吸收和代谢。

第十四章

CHAPTER 14

52法 肠内菌群的培养健康

Intestinal
FLORA
and
IMMUNITY

培养健康的肠内菌群，第一步就是去除“肠内污染”。

我们在前面的内容中讲过，肠内污染给很多人带来深深的烦恼，原因大多是由于饮食习惯、精神压力、运动不足等导致。特别是人们长期大量摄入高脂肪食品，这会破坏肠内环境，破坏荷尔蒙的平衡。

高龄者随着年龄的增长，肠内有害菌增加，日常生活中会经常出现腹胀、体臭、口臭、皮肤粗糙、肩膀酸痛等症状。这些症状会导致老年人免疫力下降、睡眠障碍、肥胖等身体健康问题的发生。而肠内污染也是导致结直肠癌的原因之一。

我们经过多年的研究，总结出了简单容易操作的培养健康肠内菌群的52法，大家可以结合自己的生活习惯，逐渐改善肠内环境，培养健康的肠内菌群结构。当然，这不是一朝一夕能完成的事情，需要不懈地坚持、养成习惯，才能更好地保证肠内菌群的健康，对自己的健康负责。与其身体出现问题再去调理，不如保持一个良好的习惯，让身体保持在一个稳定的状态才是最理想的。

1 日常饮食中要多吃富含膳食纤维的食物，它们是肠内菌群中的有益菌最喜欢的粮食。

2 发酵食品如大酱、酱油，以及腌制食品、调味料的食用，也可以培养肠内有益菌。最好是农家传统发酵，如今有很多商家为了增加产量用了发酵剂，这就失去了发酵食品原有的营养。

3 用低聚糖代替白砂糖，多糖比单糖更不容易被身体直接吸收，预防肥胖。

4 可以多摄入洋葱、苦瓜、牛蒡、大葱、胡萝卜、黑麦、香蕉和毛豆等。

5 饮食营养均衡很重要，维生素、矿物质、膳食纤维对人体都很重要。黄绿色蔬菜、海鲜等都可以多吃，还可多吃茼蒿、小松菜、韭菜、菠菜、大豆、鳗鱼、贝类、海藻、小鱼和菌类等。

6 容易便秘的人要多吃硬的膳食纤维；容易腹泻的人要多吃水溶性膳食纤维。

7 马铃薯、豆薯等薯类带皮食用有利于改善便秘。

8 晒干的萝卜条的膳食纤维是新鲜萝卜的15倍，其铁含量是鲜萝卜的48倍，钙含量是鲜萝卜的22倍，贫血或骨质疏松的人可以经常吃晒干的蔬菜。

9 干蘑菇的膳食纤维是新鲜蘑菇的12倍，维生素D也比较丰富。

10 魔芋对排便有利，它是肠的清扫王。

11 吃水煮豆子，或者豆饭能够很好地摄取膳食纤维。

12 海藻类食物富含水溶性膳食纤维，可以经常食用。

13 玄米、胚芽米比精白米有更丰富的营养和膳食纤维，可以做主食。

14 黑色食物的膳食纤维更丰富，如荞麦、黑麦等能促进肠的蠕动。

15 面包要选择长时间发酵、有点酸味的，这样的面包乳酸菌更丰富。

16 早上吃麦片能促进肠蠕动。

17 早起一杯水，打开肠胃，顽固性便秘的人更要随时补充水分。

18 苹果，便秘的人要带皮吃，腹泻的人榨汁喝。

19 青香蕉助排便。

20 猕猴桃特有的酸味能促进排便。

21 草莓、蓝莓、葡萄中富含丰富的柠檬酸，能起到抗氧化的作用。

22 吃橘子时要连同橘络一起吃，增加膳食纤维摄取。

23 干果、柿子饼、干杏子、干无花果、干香蕉片、葡萄干等都含有浓缩的营养成分和膳食纤维。

24 亚麻籽油含有亚麻酸和膳食纤维，但是它容易酸化，需要冷藏保存。

25 梅子干强烈的酸味有杀菌作用，能预防食物中毒。

26 空腹时不吃甜食，白砂糖会使肠蠕动变弱，吃的时间和量要重新斟酌。

27 甜食和肉类一起吃会增加有害菌。

28 自然界的馈赠——蜂蜜不会增加肠负担。

29 啤酒增加结直肠癌的发病率，选择下酒菜时要注意，要选膳食纤维多的蔬菜，海藻为好。

30 借酒消愁或者赌气、难过的时候喝酒，以一醉解千愁的心情喝酒会破坏肠内环境，使有害菌增加。

31 晚饭吃得太晚也是便秘的元凶，注意培养有规律的饮食习惯。

32 两顿饭之间时间间隔最好在4~5个小时，有助于形成规律的排便节奏。

33 日式饮食比较均衡，膳食纤维多，低脂肪、低盐，主菜副菜搭配合理。

34 小鱼含有丰富的钙，能稳定情绪，便秘和腹泻的人必食。

35 控制饮食的减肥会使肠下垂，让排便更加困难。

36 不要吃泻药类减肥产品，药物依赖会丧失排泄功能。

37 抗生素服用中和服用后两周内，要大量补充乳酸菌，紧急补救肠内有益菌。

38 断食让肠休息、排毒、恢复活力。慢性病患者和老年人需要咨询医生意见。

39 有便意的时候不要忍，听从身体信息。

40 精神压力对自主神经中枢影响很大，影响肠蠕动，增加有害菌，导致便秘或腹泻。要释放心理压力，舒缓紧张情绪。

41 熬夜是便秘的根源，睡眠不足会打乱生物钟和排便规律。

42 适度的腹式呼吸能刺激肠蠕动。

43 不要让身体受凉，身体寒冷容易便秘、毒素沉积，形成恶性循环。

44 泡半身浴，多吃温热身体的暖性食物。

45 有氧运动使神经放松，有爽快感，有利于催促排便。

46 平躺抱腿和平躺腹式呼吸交替进行，刺激肠道蠕动。

47 锻炼腹肌保持排便力。

48 不太运动的人可以刺激穴位改善慢性便秘，也可以对腹部进行按摩，每天坚持，提高肠机能，补充肠能量。

49 腹泻，有时候用止泻药反而起反作用，注意腹泻时及时补水和补充肠道乳酸菌。

50 保证良好的7小时睡眠和有规律的作息时间，保持良好心情，适量运动，选择健康的食物。

51 爱自己，爱身边的人。

52 多笑！

第十五章 CHAPTER 15

案例 改善慢性病 调理肠内环境

Intestinal

FLORA

and

IMMUNITY

一、人生，翻天覆地的改变

二、肠内菌群改善糖尿病，预防并发症

三、提高免疫力，对抗流感、哮喘

一、人生，翻天覆地的改变

20年前，在我17岁的时候，因为长期便秘，身体出现很多慢性问题。那时候我并没有太当回事，后来出现虫牙、神经性胃痛、偏头痛、身体发胖，然后又突发银屑病（俗称牛皮癣）并蔓延全身。

身体出现的问题给我带来很大的心理阴影：夏天不能穿短袖，一年四季长衣长裤；不敢见人，精神都快崩溃了。我心里承受的压力，影响了家庭、人际关系、工作，后来甚至导致焦虑抑郁。

我使用过很多西药激素类药物和中药调理式治疗，但都不能改善身体状况，甚至越治越糟。后来我还患上了“低气压障碍”症，就是阴天下雨前低气压时，就会呼吸不畅，喘不过气，非常痛苦。尤其是每年5月到6月梅雨季节的时候，每天我都感觉是在苟延残喘地活着，痛苦不堪。

过度治疗产生了很多副作用：我的反应慢了，免疫力低下、口腔溃疡、肝肾功能下降，最关键的是医生告诉我，由于药物副作用的影响，5年内不能要孩子！这对我的生活造成了多大的影响啊！

失眠、焦虑、不安、发脾气，我整个人都陷入了混乱之中，没有希望、没有目标。医院对于神经方面的治疗只能使用镇静剂药物，增加多巴胺助睡眠。因为早晚服用药物，我每天都处于飘忽状态，没有过多的喜怒哀乐，连家人都很难理解我怎么会变成这个样子。

在一次血液检查时，并不算肥胖的我，胆固醇和甘油三酯超标。也就是这个契机，我遇到了研究肠内菌群的临床专家丽莉老师。她告诉我，可以通过改善肠内菌群环境，增加肠内有益菌和活化免疫，代谢血液中多余的脂肪。她还帮助我分析这些疾病的致病因，最终找到了是肠的问题——长期的便秘是身体产生这么多问题的根源。

不好的饮食习惯造成长期的毒素积存，再加上便秘，便在肠内反复发酵产生的毒素循环全身，所以导致我的身体看似跟肠没有关系的地方都出现了问题。

以前治病的时候，大多是把这些身体问题归到“皮肤科”“内科”“口腔科”“妇科”等，分成十几个科室来看，问诊的项目和检查的项目都不同。

身体是一个整体，总会有一个真正的致病因。我了解到肠的重要，除了消化吸收还肩负着免疫系统的功能，管控着情绪，我知道自己的问题确实都出在肠上。

于是我听专家的指导，先反思自己的生活、饮食、思维方式……哪里有问题就记下来，怎么改善、怎么坚持，都做了计划。我下决心从根儿上彻底改变自己。

在这个过程中，饮食尤为重要，我以前吃东西是随心所欲地想吃什么就吃什么，没时间就不吃，半夜想吃夜宵就点夜宵，想吃外卖就吃外卖。辣条、麻辣烫、甜食、方便面、巧克力、冰激凌，想什么时候吃就什么时候吃。

现在想想，没有节制的饮食，真的是很危险的。饮食需要营养均衡，食物与食物搭配也有讲究。现在的人越来越多地吃软性食物，咀嚼的机会就减少了，短时间没问题，长时间就会造成影响。把身体搞坏也没有那么简单，不是一次两次就能搞垮的。“习惯”是很可怕的，无意中做的、吃的、想的，叠加在一起就是巨大的力量。

我开始重视培养肠内菌群，每天都有一段空腹清肠的时间，规定吃甜食的时间，嘴馋时也可以吃想吃的东西，但是我知道了怎么补救，怎么保持身体的平衡状态。我增加了对膳食纤维的摄取，养成多喝水的习惯，多吃增加肠内有益菌的乳酸菌食品，保证睡眠七小时，适量快走运动……不久，我的肠蠕动好了起来，便秘慢慢改善了。最开始的三个月中也还是会不定时地便秘，有几个反复的周期，后来就彻底调整过来了。

每天睡饱觉，当身体完全放松下来时，便意就很容易察觉到，趁着有便意去厕所真的特别舒畅。然后听专家说的，要观察每天的排便，就能把握肠内变化，真的很神奇。吃的东西和生活状态、心情的不同，排便情况是有变化的。

我小时候换季时经常患气管炎、肺炎等疾病，那时候去医院看病就得住院打点滴。可能我的身体积存的毒素比较多，所以长得特别矮小瘦弱。

开始调理肠内环境后，我开始反痰，有时候只要一仰头就有一块很黏的痰块被吐出来，痰里有很多黑色的脏东西。我感觉黏膜组织强大了，这应该是包裹脏东西往外排出的过程。在调理肠道的第一个阶段中出现了一次，半年以后又出现了另一次，每次有十天到半个月持续排痰。专家说，身体排毒并不是一次完成的，它是分阶段一层一层进行的。也说明黏膜组织变强了，想要入侵身体的病原体在上呼吸道位置就被拦截，排出了。

我的内分泌也不是马上有变化的，颜色、血量、月经前的反应，都在第三个月开始感觉到变化，第四个月开始更加明显，之后血液循环好了，脚与小腿酸胀、胸胀、月经前情绪波动都明显好起来了。

最明显的变化就是我每天早上起来都有清爽的感觉，睡得越来越踏实，醒来的时候不赖床，即使偶尔睡得晚了，起床也不费劲儿。精神状态好了，不良情绪也少了，周围人际关系也缓和了，生活状态有了明显的改变。注意力集中，看书学习都有了效率，工作业绩也提高了。

2018年，我的花粉过敏症也在一次高烧之后自愈。此后，春天也变得舒适，我再也不用因为鼻塞、流鼻涕搞得整个春天都睡不好、吃不香了！

好多年没见的朋友见面了，都问我：你怎么年轻啦？皮肤也有光泽了，精神状态也好了，笑容多了，也自信了。

就连以前给我看过病的中医大夫见到我时也非常惊讶，时隔几年，怎么状态好了，而且还年轻了！

再说说最难治的银屑病，这个传说中的不治之症，再也没有在我身上复发过。我的皮肤光滑得再也不用遮挡着过日子了，想穿什么就穿什么！从黑暗转向光明，完全相反的世界和人生状态，我只是多了一个对肠的认识，一个健康的理念。

到现在一年半了，我身体的所有检查项目都没有任何问题，一个加减号都没有。甘油三酯和胆固醇都是正常值，肝肾功能也正常了，各项营养数值都正常。医生又惊讶了，关键是没有用任何药物，血液检查指标一切正常。

免疫力提高，几乎没有感冒，以前我每到梅雨季节时，都呼吸困难，然而今年居然没有犯病。我可以自由自在地呼吸、玩耍，做想做的事，爱喜欢的人，一切都这样的自如！

一念间，我坚持了正确的方向，把黑暗的人生变成了光明、乐观与积极向上！真的难以想象自己会有这样的变化。

一年多了，如果我还在继续吃药，那么还得忍受各种激素的副作用，也不能要孩子，身体迟钝，精神状态也会越来越差，我想自己肯定会走不出这恶性循环的漩涡。

现在，我了解到肠内菌群的重要，知道怎么让自己健康起来，从改善肠内环境开始，清除肠污染才是调理身体的第一步。下决心修正生活习惯和饮食习惯，并且持之以恒，虽然过程不一定一帆风顺，但是养成了好习惯，坚持就不难了。什么事情都是养成习惯就顺理成章了。

我希望自己和家人越来越好，一起调理肠环境。这几年父母身体的慢性问题都改善了，到处旅游也不用我们操心。

改善肠内菌群，改变了我的人生，幸福全家人！感恩！

二、肠内菌群改善糖尿病，预防并发症

刘叔，今年65岁，出生在20世纪50年代，经历过上山下乡、返城工作。以前家里穷，兄弟几个每天都担心吃不饱，所以他养成一种吃得多、吃得快、大口吃肉、大口吃饭、借辣下饭的饮食习惯，喜欢吃香的喝辣的，抽烟喝酒也是他每天的“必修课”。

十几年前他就患有脂肪肝，吃药治疗过。前几年被检查出血糖高，直接就被医生下令打了胰岛素。于是之后他每天都要给自己打针，左边打完打右边，肚子打完打胳膊……苦不苦自己知道，疼不疼也只有自己担着。

刘叔是公务员，有医疗保险，每年都定期体检、治疗。有医保，算下来也没花太多钱……这样的想法，造成了他胰岛素越打越多，有时候还会头晕，高血压、高胆固醇的状况依旧没有改善。外孙、外孙女每天看到姥爷给自己打针，都很担心，刘叔打针的时候他们都不敢靠近。孩子们问：“姥爷为什么天天打针？能不能不要打针了？多疼啊！”孩子们有一个单纯的想法：“可以不打针吗？可以不遭罪吗？”这提醒了家人，有没有其他方法改善现在

的状况呢?

但是以现在的医学水平，对于糖尿病的治疗基本都是如此，无法治愈。病情控制好的患者还能勉强维持，控制不好的则身体状况日趋下降，最终发展成让人更痛苦的并发症。

学者统计了糖尿病的发展过程：一般患者第5年开始出现神经病变，第7~8年出现视网膜病变，第10~15年开始出现肾脏问题。

因此，家里人更多的担忧是：这样下去行吗？既然没有治愈的可能，那么我们就不要这么走下去，试试其他方式，也许有机会治愈呢!

家人上网查了很多调理糖尿病的资讯，也浏览过很多专业论坛，最终锁定在“改善肠内菌群调理糖尿病”上。

在刘叔的血液检查报告中，血液中有害的LDL胆固醇一直处于超标状态。高脂血症、高血压、高血糖、脂肪肝，这些都跟体内积存了过多的脂肪毒素有关。

经过专家的指导，刘叔明白了“短链脂肪酸”缺乏会导致肥胖，体内脂肪积存会引发糖尿病，而“短链脂肪酸”就是由肠内菌群制造的。所有这些身体健康问题全都指向肠内菌群。

经过学习和自我反省，刘叔开始注意饮食，细嚼慢咽，多吃菜、少吃肉、少喝酒、少抽烟，从白米换成玄米，把膳食纤维当成主食吃，每天还喝一杯鲜榨蔬菜汁，他还服用专业的乳酸菌食品，增加肠内有益菌，再结合运动，调理肠道。

2017年1月23日，刘叔血糖6.1毫摩尔每升，糖化血红蛋白7.7。在跟医生沟通后，刘叔先停止胰岛素注射，替换为相同剂量的药片，每天早上2片。然后他一边有意识地调理肠内环境，一边观察血糖、血压的变化。

大概一个月后，突然有一天刘叔血压升至180，前所未有的高血压！因为提前知道在清除身体寄存的脂肪毒素时，会出现一些身体反应，所以大家没有太惊慌。

之前专家就说，血管净化之前必定有一次或者多次大扫除。血管壁上剥落下来的脂肪毒素会浮游在血液中，造成一段时期内血管中的血脂增加，有病情加重的感觉。

刘叔每天测量血压，好好休息，不勉强运动，多喝水，少食多餐，乳酸菌、蔬菜汁没断，几天下来血压就平稳了。

之后，刘叔又出现了一段时间的便秘，这个也是健康情况好转的一种反应。

人体的血管长达10万千米，可以环绕地球两圈半，这么多分枝里的毒素，不是短时间就能够清理干净的。尤其是长期便秘、患有慢性疾病、长期服药的人会有一段时间出现便秘。但是坚持下去，多喝水、适当运动，便秘状况便会改善。

刘叔经过了好几次反复便秘的波折后，肠道就完全顺畅了。排便也没有味儿了，身体的味道也减轻了很多。

刘叔坚持了将近 3 个月的时间，将降压药用量减为原用量的三分之二，后来再减成一半。他随时观测身体的变化，测量血糖值，稳定了一段时期后，药物服用量越来越少，身体也没有特别大的异样出现。

最后胰岛素不打了，药片减到一半，刘叔自己观测的血糖竟然比打胰岛素的时候还要好，血糖4.2毫摩尔每升，糖化血红蛋白7.2，基本在正常值范围内了！

他的精神状态也好了起来，免疫力也提高了，血压平稳，脂肪肝好转，胆固醇降低，排便顺畅。并且被一直负责治疗他的主治医生赞扬，夸刘叔身体状态很好，继续加油。

刘叔的健康心得

过去我觉得生病就得去医院，把自己的健康全部交给医生，确实并没有对自己负责。

糖尿病、高血压、脂肪肝的治疗过程中需要吃药打针，治疗的最终结果我是能看得到的。但刚知道自己得了糖尿病的时候，说实话，我接受不了，逃避治疗、逃避家人的建议，什么也不接受、听不进去，家人说多了，我还乱发脾气。

直到我冷静下来以后，看到医院患同样疾病的病友们的遭遇：并发症截肢的，透析的……确实也有些害怕。心想，可能自己以后就会跟这些病友一样吧。对于突如其来的“糖尿病”，我是完全的未知，也不知道该怎么办，很无助。

孩子们都很担心我，想办法逗我开心，让我要有信心，别自暴自弃。我也知道他们迁就我、哄着我，一边安慰我一边给我讲这个病是怎么来的，也找到了导致糖尿病发病的不良生活习惯。

比如，我以前大口吃饭，不仔细咀嚼就下咽。这几年，女儿只要看到我吃饭，都会提醒我慢点嚼，多嚼几下再咽，小口吃。每次我想喝酒、抽烟的时候，外孙、外孙女就会提醒我，别喝太多酒，别抽太多烟。孩子们会给我打视频电话，问我有没有吃乳酸菌，怎么吃的，还给我送来锻炼右脑的拼图玩具。

家人的关心让我感觉无比温暖，也增强了对抗疾病的勇气。我藏起自己的无助，收起伪装的暴脾气，认真听孩子们讲肠内菌群跟健康的关系。不听不知道，原来这么深奥，我从来不知道，以前是用错了方法，吃错了东西。

对健康的理解和对治疗方式的选择，决定了我今后的人生。

我已经65岁了，剩下的时间要活出质量。年轻时为了生活，为了儿女，现在终于可以为了自己，钓钓鱼、种种菜、带带孙子、跟朋友喝茶聊天。我感受到了家人的关爱，就算为了家人，也得让自己健健康康的不让他们再担心。

如果我每天浸泡在药罐子里，再好的美食、美景也都没有心情享受了。

如今我能健康地享受晚年，不给孩子添麻烦，每天精力充沛地做自己喜欢的事情，这就是幸福啊！

三、提高免疫力，对抗流感、哮喘

童童小朋友4岁，免疫力低下，经常感冒发烧。她在幼儿园食欲也不好，长得很瘦小，差不多每个月都要去医院一次，严重的时候还曾因发烧引起哮喘而住院。孩子遭罪，大人更揪心。

由于童童母亲怀孕的时候便秘，胃肠状态一直不是太好，而且母亲本身也有过敏症，童童六个月左右就出现了湿疹性皮肤病，辅食吃得也比较单一，睡觉盗汗，总是睡不踏实。

多年来童童一直往返医院，药没少吃，免疫力反而越来越低。药物的副作用对孩子的成长也不好，每次退烧、止咳都需要服用药物，其实家长也知道药物只缓解了表面症状，感冒的后遗症会延续很长时间。并且只要幼儿园里的其他孩子患有流行感冒、胃肠炎、手足口病等疾病，童童都会被传染。

孩子感冒发烧、哮喘、晚上呼吸不顺畅，家长就得一宿一宿陪着，测量体温、擦拭、用热毛巾敷鼻子、喝水吃药，全家人都疲惫不堪。这样的状态持续了三年多，童童的身高比其他同龄小朋友矮半头。

童童妈妈在一次课外活动中，参观了一个关于“人体”的展览，直观地了解到身体的构造和功能，细胞、肌肉、心脏、胃肠……知道了其实肠才是人体最大的免疫器官。

妈妈之后也查阅了很多关于免疫和肠的书籍，发现母亲怀孕时肠内环境是会传递给孩子的，三岁之前应该形成孩子自身的肠内菌群结构。她反省了一下，自己多年的胃肠问题可能影响到了孩子的胃肠。

童童妈妈另外也了解到免疫功能是怎么发挥作用的，遇到病毒入侵会有怎样的反应。这才知道，原来打喷嚏、流鼻涕、发烧、上吐下泻都是身体免疫对入侵人体的病毒做出的免疫反应，在可控范围内是好事。

以前童童只要一有这些症状就赶紧吃药，停止了身体的免疫反应，还破坏了免疫和肠内菌群，这也是免疫力越来越差的原因。

知道了这些以后，童童妈妈给孩子的饮食做出了调整，把以前不爱吃的蔬菜打碎，团成菜团或者做成蔬菜饼，尽可能地给孩子多吃膳食纤维，如鱼、谷类、海藻类……变换着样式给孩子吃。还在食物中加灭活性乳酸菌，在保证基础饮食平衡的基础上，用专业浓缩的乳酸菌加一把劲儿。

甜食、饮料、有添加剂的食品都被划在日常饮食之外。把冷冻的蓝莓、草莓打成冰激凌，面包选择无添加的全麦面包，白米饭里加一些五谷杂粮，白砂糖换成低聚糖或者蜂蜜，大豆油换成了橄榄油。

童童对家里饮食的改变非常好奇，每天都很期待妈妈做了什么有意思的食物，渐渐地她对吃饭这件事充满了期待，也会主动多吃一些。

家里人增加了孩子的户外活动时间，会带她去牧场喂小动物，去农场采摘果实、挖蚯蚓、种马铃薯，让孩子更多地接触大自然，接触土壤。神奇的是，童童的过敏症好了很多，排便也规律了，睡得也踏实了，身体结实了也长了个子。

秋冬季节，幼儿园再次流行感冒，童童竟然没有被传染，她自己都觉得很得意，高兴地跟妈妈说：“身体里面有能量，病毒都不敢来了。”童童的笑容感染了全家人。

饮食的改善，生活习惯的改变，让童童和全家人的身体状况都发生了改变。童童妈妈的便秘好了，童童爸爸的胃炎、脂肪肝也改善了。

肠是人体最大的免疫器官，好的生活习惯应按照肠的节奏安排，让全家受益！

结语

EPILOGUE

感谢您耐心地阅读完《肠内菌群与免疫》这本书。希望您能够通过这本书，聆听身体的声音，对肠内菌群与免疫有更进一步的认识。

能对读者的健康管理和疾病康复有所帮助，是我写作的初衷。

首先，感谢行业内的专家学者对我的指导与鼓励；其次，感谢哈尔滨工程大学出版社编辑们的辛苦付出；最后，感谢多年来支持“天空树下的小茉莉”公众号的朋友们!

肠不仅是身体消化、吸收的器官，也是身体最大的免疫器官。同时，肠还是人的第二大脑，左右着人的情绪与健康，影响着人寿命的长短。

人的一生都与菌相伴，一荣俱荣一损俱损，好好利用、培育好肠内菌群，我们就能拥有一切：健康、好心情、年轻、长寿、幸福……肠内菌群就是开启幸福大门的钥匙，我们要努力保持其在肠道中的黄金比例：有益菌占20%，有害菌占10%，中性菌占70%。大家要朝着这个目标努力。

21世纪是“肠的时代”，科技的发展也推动了科学家对肠内菌群进行的深入研究，肠道内还有很多未知的秘密需要人类去探索，要改善肠内菌群生存的环境，为健康生活打下坚实的基础。

能够有效运用肠内菌群的研究成果，让更多的人预防疾病、保持健康状态，这是我今后的研究方向。

我会带着对肠内菌的敬意，借助“菌”的力量来发酵人生，继续探究肠内菌群与免疫的奥秘！

邵丽莉

参考文献

[1] 矢澤一良. 免疫乳酸菌で防ぐガン・生活習慣病[M]. 東京：現代書林，2001.

矢泽一良. 免疫乳酸菌预防癌症・生活习惯病[M]. 东京：现代书林，2001.

[2] 河合康雄. 驚異の乳酸球菌[M]. 東京：グスコー出版，2006.

河合康雄. 惊异的乳酸球菌[M]. 东京：古斯克出版社，2006.

[3] 辨野義己. 免疫力は腸で決める！[M]. 東京：角川新書，2015.

辨野义已. 肠决定免疫力！[M]. 东京：角川新书，2015.

[4] 辨野義己. 腸を整えれば病気にならない[M]. 東京：廣済堂出版，2016.

辨野义已. 调整好肠不生病[M]. 东京：广济堂出版，2016.

[5] 藤田紘一郎. 腸漏れがあなたを壊す！[M]. 東京：永岡書店，2016.

藤田纮一郎. 肠漏会毁了你！[M]. 东京：永冈书店，2016.

[6] 江田証. 新しい腸の教科書[M]. 東京：池田書店，2019.

江田证. 最新肠的教科书[M]. 东京：池田书店，2019.

[7] La Dieta Adamski. 腸がすべて[M]. 東京：東洋経済，2020.

ADAMSKI L D. 肠是一切[M]. 东京：东洋经济，2020.